国外军用生物技术发展与应用

刘 杰　贾相晨　董诗潮　寇新宇　井 京　李亚莲　陈 悦　编著

中国宇航出版社

·北 京·

图书在版编目（CIP）数据

国外军用生物技术发展与应用 / 刘杰等编著. -- 北京：中国宇航出版社，2023.11

ISBN 978-7-5159-2290-4

Ⅰ.①国… Ⅱ.①刘… Ⅲ.①军事生物学－研究－国外 Ⅳ.①E916

中国国家版本馆 CIP 数据核字(2023)第 179457 号

责任编辑　赵宏颖　　封面设计　王晓武

出版发行　中国宇航出版社

社　址　北京市阜成路 8 号　邮　编　100830
(010)68768548

网　址　www.caphbook.com

经　销　新华书店

发行部　(010)68767386　(010)68371900
(010)68767382　(010)88100613（传真）

零售店　读者服务部　(010)68371105

承　印　北京中科印刷有限公司

版　次　2023 年 11 月第 1 版
2023 年 11 月第 1 次印刷

规　格　787×1092

开　本　1/16

印　张　8.75

字　数　138 千字

书　号　ISBN 978-7-5159-2290-4

定　价　58.00 元

本书如有印装质量问题，可与发行部联系调换

前　言

军用生物技术是将现代生物技术与物理、化学、材料、信息等诸多学科交叉融合的一门综合性前沿技术，因其在军事领域诱人的应用前景，已成为世界军事强国重点投资的国防关键技术，并不断催生新的作战样式和作战理念，将对未来军事能力变革产生重要影响。

本书基于北京航天情报与信息研究所系列研究成果，围绕生物制造技术、生物电子技术、脑科学技术、生物能源技术、仿生技术、人体增强技术等六大技术领域，对国外军用生物技术发展及应用情况进行了综述，以期为相关研究人员及广大读者提供参考。

军用生物技术范围很广，本书仅涵盖了部分领域及方向，相关观点和结论仅代表作者意见。由于编写组水平有限，加之时间仓促，不当之处敬请批评指正！

目　录

第 1 章　军用生物技术概述

1.1　认识军用生物技术

1.1.1　概念

军用生物技术是在新军事革命理论指导下，将现代生物技术应用到军事技术领域的一门综合性交叉技术，涉及军事、生物、物理、材料、信息等诸多学科，其研究目标旨在从使用者的角度最大限度地提高武器装备的使用效能，进而发展基于生物学原理的新型关键装备部件乃至武器系统。军用生物技术的研究成果将可能为武器装备的研制提供最新的设计理念、最优的解决方案和最佳的实际效能，成为装备发展的重要创新手段和技术来源。

1.1.2　研究领域

军用生物技术主要包括生物制造技术、生物电子技术、脑科学技术、生物能源技术、仿生技术、人体增强技术等，它已成为 21 世纪的核心技术。

自 20 世纪中叶开始，伴随着系列重大科学发现，生命科学成为自然科学中发展最快、影响最大的学科之一，以生命科学为基础的生物技术得到迅猛发展。同时，现代生物技术从其诞生之日起，就开始逐步渗透到国防科技和武器装备研制中，并不断与信息技术、材料技术和制造技术等交叉融合，形成军用生物技术这一新兴技术领域。军用生物技术已成为武器装备变革的重要推动力量，并在不断地催生新的作战样式和作战理念，将深刻影响新军事变革的方向。军用生物技术在军事领域具有诱人的应用前景，已成为世界军事强国重点投资的国防关键技术，将对未来军事能力变革产生重要影响。

1.2　军用生物技术的发展背景和需求

1.2.1　发展背景

早在21世纪初，基因组学等前沿生物技术初露端倪的时候，国外军事机构尤其是美军，十分重视生物技术的战略性、前瞻性军事应用，并将其列为军事关键技术之一。2001年，美国国防高级研究计划局（DARPA）组织了关于军用生物技术的论证，并出版《战场上的生物技术》文集，对生物计算、生物传感等技术的军事应用前景做了广泛探讨，并超前部署了一批重要研究项目。

2009年5月，该局公布了其新版战略规划，其中生命科学领域研究被美军作为重点资助与发展的八大战略领域之一，其发展目标是利用现代生物技术开发基于生物学的材料和装备，以实现武器装备工程技术的优化，提高装备作战效能。同月，美国科学院在名为《神经科学在未来美军中的应用前景》的报告中指出，随着未来作战样式的多样化，美军在转型为高度网络化的军队过程中需要认知科学的有力支撑，使军人能发挥最佳的信息理解能力和作战决策能力。在近年的美军军事装备年会上，神经科学的进展都被作为专题进行汇报。

2010年6月，美国国防大学发布《生物启发的创新与国家安全》报告，全面深入系统地阐述了生物科学技术与国家安全的密切关系及深远影响。美国新军事战略教父、国防部净评估办公室主任安德鲁·马歇尔在报告中指出，自人类战争开始，生物学就一直发挥重要作用。生物技术是未来军队获取战略优势的重要依靠。报告最后建议在美国国防部内设立一个生物技术与生命科学研究的领导部门，以确保在未来面对生物技术机遇时能够充分准备。经过十余年研究，美军的一些军用生物技术研究项目已经获得世人瞩目的研究进展，生物钢、肌肉助力装置、主动拒止武器等一批新生物技术产品已经开始在美军武器装备中得到应用。

1.2.2　发展需求

21世纪是生命科学的时代，生物技术将成为未来推动武器装备发展、占据战场主动的重要因素，成为未来军事高技术的制高点。生物技术是以生命科学为基础，利用生物（或生物组织、细胞及其他组成部分）的特性和功能，设计、构建具有预期性能的新物质，以及与工程原理相结合、加工生产有关产品或提供服务的综合性技术。生物技术具有鲜明的军、民两用性，应用潜力巨大；它既可以为人类面临的食品、健康、能源、环境等问题提供新的解决手段，又可以大幅度提高部队的作战效能和生存能力。由于生物技术在军事领域有着巨大的潜在应用价值，美英等强国对其给予了普遍关注。

军用生物技术通过借鉴和利用生物众多优异结构和特殊的功能，将为武器装备实现跨越式创新发展提供新的源泉，已成为武器装备变革的重要推动力量，并在不断催生新的作战样式和作战理念。近年来，以美国为代表的世界军事强国高度重视军用生物技术的发展，已在生物材料、仿生装备、生物计算、生物燃料等多个领域取得重大突破。

1.3　军用生物技术的分类

军用生物技术分为6个一级技术和15个二级技术，如图1-1所示。其中，一级技术为：生物制造、生物电子、脑科学、生物能源、仿生和人体增强技术。二级技术为：生物制造方面，包括仿生制造和生物成型制造；生物电子方面，包括生物传感、生物电子元器件和生物计算；脑科学方面，包括脑认知神经、脑疾病机理与防治、类脑模型与信息处理和类脑与脑控；生物能源方面，包括生物燃料和生物燃料电池；仿生方面，包括仿生材料和仿生机械；人体增强方面，包括可穿戴技术和机械外骨骼。

1.3.1　生物制造技术

生物制造技术是21世纪初迅速崛起的一种新兴制造技术，因其具有超过常规工艺的显著优势，军事应用前景广阔，对于发展军民颠覆性技术，推动技术创新，实现优质、高效、绿色、低成本的军工生产具有重要意义，成为新一轮科技革命的制高点。

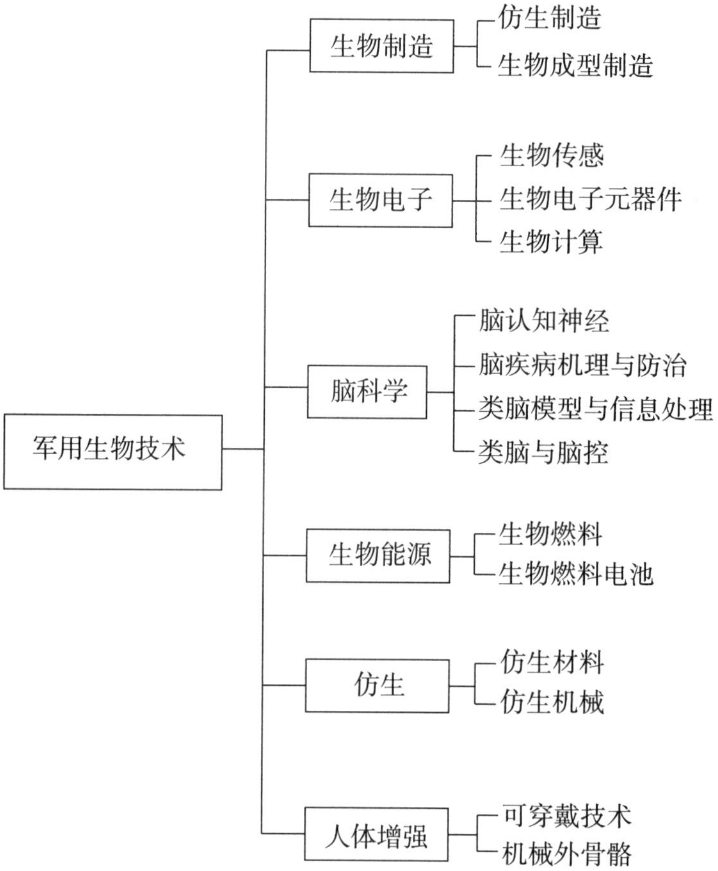

图 1－1　军用生物技术体系

总体来看，当前生物制造技术已经可以合成多种人类所需要的材料和物质；面临的主要挑战是生物制造产品需要与市场上的成熟产品展开竞争，还面临很多阻碍；未来发展趋势是加快发展高敏捷、多功能的足式运动平台、扑翼式无人机等，以借此进入目前无法涉及的区域，对未来多域战等军事行动发挥重要作用。

1.3.2　生物电子技术

生物电子技术以生物的信息过程为研究对象和应用对象，并以人脑信息处理的功能模拟为最终目的，综合应用电子学、工程学、信息学和系统学的方法、原理和技术来分析、处理、利用和模拟生物的信息处理体系，发展高灵敏和高通量的生物传感器件、仪器设备等；并基于对生命系统信息处理的认识，提出和发展新的信息处理的原理和器件，包括有别于现代计算机的新的生物计算方法，最终实现对人脑功能的模拟，以促进生物学、医学以及电子学和信息学的发展。

总体来看，当前生物电子技术已经在计算和存储两大领域取得巨大的进展，即将进入实用阶段；面临的主要挑战是当前的生物电子技术还无法满足日益增长的信息存储和计算需求；未来发展趋势是生命科学与电子技术的融合，给信息存储和计算等带来新思路，各种基于生物介质的存储和计算技术应运而生，如高容量 DNA 存储技术、寡肽存储技术等。

1.3.3　脑科学技术

脑科学技术是以大脑作为研究对象的多学科交叉汇合而成的新兴研究领域，它融合了神经科学、认知科学、心理学、人工智能、信息科学、计算机科学等学科，重点研究大脑的结构和功能，神经元及神经活动，大脑与行为、大脑与思维的关系；研究脑疾病与防治；研究大脑机能模拟与应用。其中最重要的应用是脑机接口。脑机接口的建立旨在在人或动物大脑与外部设备之间创建直接连接，实现脑与设备的信息交换。脑机接口的研发具有开创性的民用医疗用途和颠覆性的军事用途。

总体来看，当前脑科学技术在脑电信号采集与识别等技术领域取得重大进展，并进行了人体试验；面临的主要挑战是对大脑机理认知不足、脑电信号采集精度不高、大脑信息解析准确率低；未来发展趋势是提高采集脑电信号的质量和数量，提升大脑提取信号的信噪比，增加信息的传输带宽。

1.3.4　生物能源技术

生物能源技术具有无毒、无有害排放的优点，主要包括环境中易于获取的、战场产生的或后勤补给中已有的各类能源。

总体来看，当前生物能源技术在学术界研究热度很高，但距离工程实用还有一定差距；面临的主要挑战是成本昂贵、工艺复杂、比能量低；未来发展趋势是在未来几年内突破代谢工程、微生物燃料电池等技术并实现量产，根据工业需求进行扩展。

1.3.5 仿生技术

仿生技术是通过研究生物体的结构和功能，根据其工作原理发明出新的设备、工具，创造出适用于生产、生活和学习的先进技术。

总体来看，当前已经研究出大量的仿生材料和仿生技术，应用于诸多领域；面临的主要挑战是如何理解生物行为的本质；未来发展趋势并不是对自然界生物进行简单临摹，而是依据人类的认知和工程技术需要对自然进行主动同化和建构。

1.3.6 人体增强技术

人体增强技术又称人体机能改良技术，是通过可穿戴设备或利用药剂、生物合成等技术，突破士兵自身素质对作战能力与作战方式的限制，大幅提升耐力、力量、速度和认知力。

总体来看，当前人体增强技术具有使用灵活、减少认知依赖和增强感觉的特点；面临的主要挑战是解决与人的生理兼容性问题；未来发展趋势是以较低的生产成本和快速的制造工艺，使人体增强技术得到更加广泛的实际应用。

第 2 章　军用生物关键技术

2.1　生物制造技术

生物制造可以理解为直接利用生物大分子、细胞、组织、结构及生命过程等生物手段或采用基于生物原理的加工工具、润滑方式、运动方式等进行工程材料、结构、零件、系统的合成、加工、成型、操作的制造技术。生物制造技术主要包括仿生制造和生物成型制造两个二级技术。随着生命科学和新兴技术的进步，生物制造的理论方法和相关技术将不断完善，进一步扩展传统制造领域的边界，推动生物制造技术的快速发展。未来生物制造必将成为助力军工制造技术创新研发、提升军工制造能力的重要突破口，在特殊结构材料、微纳复杂结构、功能界面制造，以及生物 3D 打印等方面获得广泛应用。

2.1.1　仿生制造

模仿生物的组织结构和运行模式的制造系统与制造过程称为“仿生制造”(Bionic Manufacturing)。它通过模拟生物器官的自组织、自愈合、自增长与自进化等功能满足武器性能需求，已成为生物制造技术的重要发展方向。仿生制造可继续分为 3D 生物制造技术、生物遗传制造技术等三级技术。

3D 生物制造技术是基于离散-堆积成型原理，以活细胞、生物活性因子及生物材料的基本成型单元，设计制造具有生物活性的人工器官、植入物或细胞三维结构的技术，融合了制造科学与生物医学，是一项具有交叉性和前沿性的新兴技术。3D 生物制造技术常借由 3D 生物打印机，运用层积制造法，利用生物墨水，制造出仿效活组织的细胞支架，在医疗以及组织工程领域有极大的应用价值。第一个与生物打印相关的专利，是 2003 年于美国提出申请，并在

2006 年 5 月 30 日获得核准的。目前，美陆军正在对再生医学和 3D 生物制造技术进行投资。美国国防部建立了武装部队再生医学研究所，涉及多所大学、军事实验室和相关研究人员。3D 生物制造领域的“排头兵”美国北卡罗来纳州维克森林大学也是成员之一。他们的主要研究方向就是战场受损伤的皮肤修复以及人体细胞、组织和器官的再生功能研究。据统计，烧伤占到了美军前线作战士兵战场伤亡总数的 10%～30%。借助 3D 生物制造技术为受伤士兵打印皮肤、修复战争创伤成为研究热点，如图 2-1 所示。目前，美军武装部队再生医学研究所已经利用 3D 生物制造技术开展器官、肢体、骨骼、肌肉和心血管系统的再生技术研究，并逐步实现了受伤部位扫描、快速建模等关键技术突破。

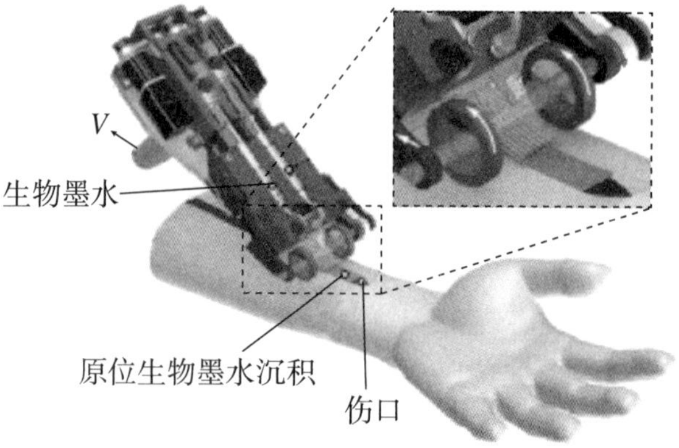

图 2-1　3D 生物制造技术修复受损皮肤

生物遗传制造技术能够实现生物材料与非生物材料有机结合，并可采用遗传工程方法生产具有生物活性的“零部件”。

2016 年 7 月，美国凯斯西储大学研究团队利用生物遗传制造技术开发了一款生物合成机器人，该机器人由海参的肌肉组织与 3D 打印的零部件结合而成，只要用外部电流对海参肌肉进行电击，生物合成机器人就能动起来，如图 2-2 所示。该机器人目前每分钟只能走 0.43 厘米，但设计该生物合成机器人的研发人员表示，这款机器人在耐久力方面无人能及，未来可完成普通机器人无法完成的任务。

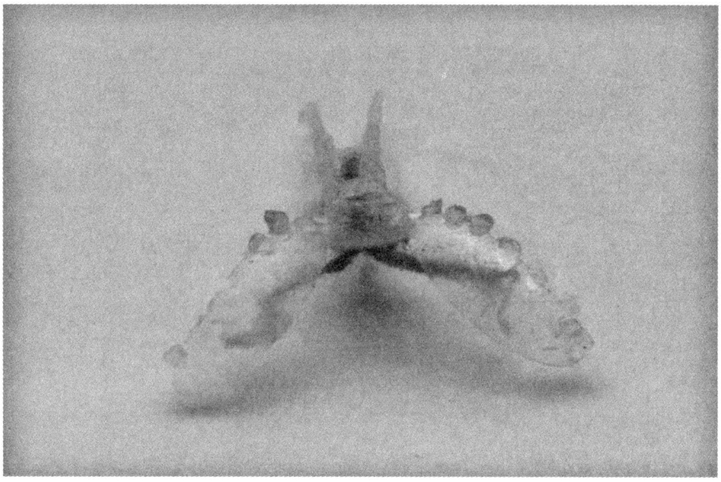

图 2-2　海参肌肉机器人

2018 年 6 月，日本东京大学一个研究小组利用大鼠肌肉细胞和树脂材料做出一个小型“生物合成机器人”。对这个融合了生物组织的机器人施以电刺激，它能够像人的手指一样活动。研究人员说，拥有这种“骨骼肌肉组织”的“生物合成机器人”克服了独立肌肉组织容易僵硬的缺点，比以往利用独立肌肉组织进行收缩运动的构造更为耐久，关节部位的活动范围也更大。

目前，美欧在生物制造技术研究方面处于世界领先水平。美国领跑，欧盟紧随其后。生物制造的研究重点主要包括两个方向：一是直接将生物手段作为制造工具使用，加工出成型零件或结构；二是利用生物原理，通过模拟生物形体与功能实现结构制造。另外，随着 3D 打印技术的快速发展，其在生物仿生结构制造中的应用也日益广泛。

武器装备表面自修复仿生制造技术研究活跃。通过模拟生物器官的自组织、自愈合、自增长与自进化等功能，迅速满足武器性能需求成为仿生制造的重要方向。国外开发出多种新型的、在复杂恶劣环境中具有自修复功能的涂层技术，开始在飞机、地面战车、燃气涡轮发动机等产品中获得应用，大幅延长了装备在复杂环境中的使用寿命。美国海军开发出一种新型自修复涂层，可使金属表层像人类皮肤一样自愈，它采用名为聚纤维原细胞（polyfibroblast）的粉末，可在腐蚀到达金属层之前实现防腐涂层自愈合，实现车辆划伤或油漆脱落的自修复。

荷兰代尔夫特理工大学开发出适用于涡轮发动机的自修复热障涂层，可用于航空发动机、舰船等动力系统，能够使涂层寿命延长20%～25%，显著降低维护成本，减少燃气涡轮发动机生命周期内零件更换次数。这种陶瓷涂层中有一层包含颗粒状钼和硅的氧化锆，当出现裂缝时，硅会被氧化产生二氧化硅从而将裂缝填充，二氧化硅随后与陶瓷涂层相互作用，会在裂缝处生成稳定的“填充物”，以确保陶瓷涂层的自修复。

英国布里斯托大学根据类似人体皮肤伤口愈合机理，研发出可在飞机飞行过程中自动修复碳纤维增强复合材料机翼损伤的技术，将仅有头发丝粗细、内部填充修复剂的微型空心胶囊，添加到复合材料中，当胶囊破裂后，内部的修复剂流出，并与事先添加到材料中的催化剂接触，发生硬化并逐步粘合裂纹。

2.1.2 生物成型制造

目前能对工程材料进行去除加工的手段多种多样，大体上可以分为传统的机械加工方法和特种加工方法。传统的机械加工是通过刀具、磨具等直接利用机械能去除多余材料的方法，如车削加工、铣削加工、刨削加工和磨削加工等。特种加工是利用电能、热能、声能、光能、化学能和电化学能等对工件材料进行去除的方法，如电火花加工、电子束加工、离子束加工、超声波加工、激光加工、化学蚀刻加工、机械化学加工、电化学加工等。上述所有的加工方法均采用物理或化学的形式进行加工。

生物成型制造方法是继物理和化学形式之后出现的另外一种加工形式——生物形式。生物成型制造是指通过单个细胞或细胞团簇直接和间接地受控组装，形成具有新陈代谢特征的生命体进行成型和制造。世界上发现有10万多种微生物，其尺度大部分为微纳级，具有不同的标准几何外形与亚结构、生理机能和遗传特性。这就有可能找到“吃”某些工程材料的菌种，以实现生物的去除成型；可通过复制或金属化不同标准外形与亚结构的菌种，再经排序或微操作，实现生物的约束成型；也可通过控制基因的遗传形状特征和遗传生理特征，生长出所需的外形和物理功能，实现生物的生长成型。生物加工就是利用生物去除成型、约束成型、生长成型等方法达到所需制造的目的。

生物去除成型以其独特的加工方式和绿色无污染的优点，在制造业内尤其受到重视。作为生物成型制造的一个重要组成部分，生物去除成型正逐渐发展起来，特别是近 20 年来，生物去除成型越来越受到人们的关注。生物去除成型是一种利用微生物作为工具去除工件材料的加工方法。在众多种类微生物的生命活动中蕴含着各种各样的材料加工机理，以获得维持其生命和繁殖所需的能量与营养物质。

微生物对固体材料的作用形式有：合成生物体材料富集、浸出、材料腐蚀。生物去除成型正是通过微生物对材料的腐蚀从而实现对材料的加工。这些微生物（如氧化亚铁硫杆菌和氧化硫硫杆菌等）能够利用铜、铁、铝等金属在氧化过程中所释放出来的化学能作为自身生长所需的能量，并利用空气中的二氧化碳作为碳源，来为自身提供养分从而进行生长繁殖。2016 年，欧洲研究机构采用新的变异氧化亚铁硫杆菌菌株，使得微电极电路表面铜的生物加工速率提高 50%以上。

生物约束成型加工主要利用微生物形态特征，用化学沉积方法制备具有一定强度及外形的空心金属化菌体，并以此为构形单体来构造微结构或功能材料。常用于构造微管道、微电极、微导线，或通过菌体排序与固定，构造复合材料、多孔材料、磁性功能材料等，或形成蜂窝结构，构造微孔过滤膜、光学衍射孔等。与其他方法相比，生物约束成型加工具有原料来源广、成本低、形状规则以及多样等特点。

美国海军研究实验室通过脂质微管（直径 500 纳米）镀镍实验研究，包括菌体化学镀镍、蜡状芽孢杆菌的磁性金属化、菌体的磁场排序等，成功制备出隐身功能涂层，所得隐身涂层比重较轻、吸收频带较宽，在隐身领域有很好的应用前景。

生物生长成型是利用生物材料的活性进行成型的方法，自然界中生物个体的发育均属于生长成型，“克隆”技术是在人为系统中的生长成型方式。随着活性材料、仿生学、生物化学、生命科学的发展，这种成型方式将会得到很大的发展和应用。

2.2 生物电子技术

生物电子技术是当前推进军用生物技术创新的基础性智能技术。通过大规模、多类型的数据和信息的存储、管理、获取和计算技术支撑，生物电子技术为军用生物技术创新提供必要的、高效的数据支撑。以美国为首的科技强国正通过多个项目推动生物电子技术研究。

2.2.1 生物传感

应用生物电子技术可生产生物传感器，这是一种对生物物质敏感并将其浓度转换为电信号进行检测的仪器，是由固定化的生物敏感材料识别元件（包括酶、抗体、抗原、微生物、细胞、组织、核酸等生物活性物质）、适当的理化换能器（如氧电极、光敏管、场效应管、压电晶体等）及信号放大装置构成的分析工具或系统，广泛应用于医学、生物芯片、环境检测、军事医学监测等领域。

生物传感器中分子识别部分识别被测目标，是生物传感器选择性测定的基础，也是可以引起某种物理变化或化学变化的主要功能元件，主要有酶、抗体、核酸、DNA、细胞受体和完整细胞等物质的变化。换能器部分把生物活性表达的信号转换为电信号，主要分为物理换能器和化学换能器（传感器）两种，由电化学器件、光学器件、热敏器件、声波器件、压敏器件等构成。

各种生物传感器有以下共同的结构：包括一种或数种相关生物活性材料（生物膜）及能把生物活性表达的信号转换为电信号的物理或化学换能器（传感器），二者组合在一起，用现代微电子和自动化仪表技术进行生物信号的再加工，构成各种可以使用的生物传感器分析装置、仪器和系统。

生物传感器主要实现感受、观察、反应三个功能。其中感受指提取出动植物发挥感知作用的生物材料，包括：生物组织、微生物、细胞器、酶、抗体、抗原、核酸、DNA 等，并实现生物材料或类生物材料的批量生产，可反复利用，降低了检测的难度和成本。观察指将生物材料感受到的持续、有规律的信息转换为人们可以理解的信息。反应指将信息通过光学、压电、电化学、温度、电磁等方式展示给人们，为人们的决策提供依据。

生物传感器已广泛应用于军事国防领域。2020 年 9 月，DARPA“持久性水生生物传感器”（PALS）项目进入第二阶段。该项目于 2018 年 2 月公布，资助研究团队开发新型传感器系统，用于探测和记录大石斑鱼等海洋生物的行为，并对其进行解释，以识别、表征和报告在战略水域作业的有人/无人潜水器的存在。这种以生物为中心的技术将增强美国国防部现有的基于硬件的海上监视系统，极大地扩展了美军水下监视能力的范围、灵敏度和寿命。

美国的超级机动导弹 AIM－9X 响尾蛇，探索采用人工合成的眼睛导引头替换它的红外成像导引头。这不仅会简化导弹并可能降低导弹的成本，而且还能让它更快地锁定目标，同时让敌机更难以采取先进的对抗措施打破锁定。美国鲁米尼特（luminit）公司正在开发一种基于多孔径复合接收机光学和基导波全息图滤波器的复合光眼激光导引器系统，为空对空的军事打击提供高分辨率的、高精准度的导引。

2.2.2　生物电子元器件

在生物电子元器件领域，2020 年 3 月，美国斯坦福大学的研究人员开发出一种新设备，可以将大脑直接连接到硅芯片上。该设备将一束比人类头发还细的微型导线插入大脑，并将导线直接连接到外部硅芯片上，芯片可以记录通过每根导线传递的脑电信号。与现有设备相比，该设备可以记录更多的数据，而且侵入性更小。研究人员在大鼠的视网膜细胞上进行了测试，得到了有意义的信号。2020 年 5 月，美国马萨诸塞大学阿默斯特分校使用来自地杆菌的导电蛋白质纳米线作为电子器件，开发了生物电子氨气传感器。

人工突触是一种人工设计的有机电子器件，可通过模仿人脑中的突触来传递信息。人工突触传递信息的同时可自动存储信息，显著提高电子元器件的传递、处理效率。美国斯坦福大学和桑迪亚国家实验室研发出一种人工突触，试验表明这种人工突触模拟神经识别效率达到 93%～97%，功耗仅为顶尖计算机能耗的 1/10。法国国家科学研究院开发出一种能自主学习的人工突触，这些突触能够自主学习并预测识别模式，为脉冲神经网络的无监督学习开辟了一条新路径。忆阻器是一种先进的具备记忆功能的非线性电阻器，可基于对其施加的电压的历史记录对电流进行调节，实现对各种不同任务的并行处理。美国密歇根大学开发出一种新型忆阻器计算机电路芯片原型，具备处理图像和视频等复杂数据信息的能力，处理速度比现有最先进的系统快几个数量级且功耗极低。

美国空军资助研究利用来自鲨鱼感觉器官的凝胶来开发红外传感器的项目。鲨鱼通过这种凝胶感知鱼类所释放的电磁辐射而跟踪猎物。当暴露于不同梯度的电、磁和热条件下时，这种凝胶能够扩展和收缩。研究人员通过在两层非常薄的黄金之间放置一层凝胶，凝胶受到辐射照射后会膨胀并使黄金层之间的距离增大，从而增加了设备的电容，验证了使用凝胶材料取代传统无机材料的可能性。

2.2.3 生物计算

生物计算是指利用生物系统固有的信息处理机理而研究开发的一种新的计算模式。生物计算研究包括器件和系统两个方面。

在器件层面，以美俄为首的军事强国正通过多个项目推动生物芯片和生物存储技术研究。在系统层面，根据生物学原理设计的仿生计算系统一直受到重视，仿生计算系统具有自学习能力，能够在运行中积累经验，发现数据之间的深层次规律。2014 年，美国空军研究实验室授予通用电气公司一份高性能嵌入式计算系统合同，该系统可推动用于自适应学习、大规模动态数据分析和推理的先进神经形态体系结构和算法的开发和部署。

生物计算机因运算速度快、功耗低、储存数据量大等优势受到各科技大国的强烈关注。美国亚利桑那州立大学和哈佛大学维斯生物启发工程研究所开发出迄今最复杂的生物计算机。该计算机由 RNA 制成，能在大肠杆菌活细胞内对 12 种不同指令同时做出反应，控制细菌细胞的行为。

2.3　脑科学技术

脑科学有狭义和广义之分。狭义的脑科学一般指神经科学，是为了了解神经系统内分子水平、细胞水平、细胞的变化过程，以及这些过程在中枢功能控制系统内的综合作用而进行的研究，主要包括神经发生、神经解剖学、神经生理学、神经通信与生物物理学、神经化学与神经内分泌学、神经药理学、记忆与行为、知觉和神经障碍等九个领域。

广义的脑科学是研究脑结构和脑功能的科学，主要包括脑形态及结构、脑部分区及功能、脑细胞及工作原理、脑神经与网络系统、脑的进化与发育等领域的研究，以及对脑生理机能的研究，如脑是如何产生感觉、意识、动机和情绪的，如何学习和记忆的，如何传递信息的，如何控制行为的，如何进行自我修复和功能代偿的。总的来说，广义脑科学是从生物脑的角度探究大脑的物理构成、生物机理和工作机能，是一个认识脑的过程。

脑科学的研究范围不仅仅局限于认识脑，如绘制人脑发育图谱、探究嗅觉工作机理等，还包括如何更好地保护脑、开发脑、创造脑。保护脑主要包括促进脑发育、预防脑损伤、治疗脑疾病、延缓脑衰老等方面；开发脑是指开发脑的未知功能、提高脑的运用效率，以及通过类脑研究，模拟脑的功能和工作原理，尤其是模拟人脑的信息处理机制；创造脑是指通过构建大脑仿真系统，开发脑型计算机，打造以数值计算为基础的虚拟超级大脑。

目前，以新一代脑科学研究为核心，以类脑智能研究、神经性疾病与治疗、脑科学技术与方法、脑科学信息与服务为中间层，以大脑控制、脑机接口、大脑模拟、人工智能、新药研发、脑控仿生科技、新型教育教学等为应用层的脑科学发展图谱业已形成，并呈现出三大特征：一是神经科学与计算机、微电子、化学、材料、工程学、物理、数学等学科的交叉融合为脑科学的突破提供了契机；二是人造大脑成为主要研究目标，包括以模仿计算为主的虚拟超级脑，以及虚拟大脑与生物大脑一体化的融合超级脑两个研究方向；三是利用信息技术认识脑、了解脑、开发脑、模拟脑、创造脑、融合脑。

脑科学在军事领域的应用直接关系到国家安全。其在军事领域的应用主要包括四个方面：研制类脑军用机器人，以提升军事实力，并有效降低军事投入中的人员损耗；研发脑控武器装备，以更加智能的方式操控武器；云控制敌方大脑，扰乱敌方大脑功能，甚至反指导敌方的军事行动；开发军事智联网和脑联网，通过脑机接口技术实现大脑与外界的信息交流和控制，开启人机、人人、物物、人物互通有无的智联时代。

2.3.1 脑认知神经

近年来，随着“第三次抵消战略”的深入推进，美军全面布局，加快发展人工智能、生物科技等前沿技术，寻求新的领先优势。作为人工智能与生物科技的交叉学科，认知神经科学具有颠覆未来作战模式的巨大军事应用潜力，日益受到美军关注。未来战争一定程度上是认知战争，面对日益复杂的信息环境，作战人员在理解和决策方面的认知短板将阻碍先进军事技术的应用，并成为军事能力提升的主要瓶颈。

为此，美国陆军研究实验室与世界一流的研究团队以及工业合作伙伴组成“认知与神经工程学协作技术联盟”，其目的是通过整合神经科学、心理学、运动机能学、计算机科学和工程学等学科领域的基础研究成果，致力于提高对真实作战环境下人脑功能机制的认识，了解作战人员在复杂作战环境中的神经认知行为，从而增强高负载动态信息条件下的个体和群体的协同作战能力。2017年，DARPA 开展一项名为“定向神经可塑性训练”（TNT）的试验，通过电流刺激大脑，提高士兵大脑认知和学习能力，寻求让士兵“悟性大增”，短时间内提高外语学习和战场定位等多方面的能力，成为“超级士兵”。

美军正在进行的“战士转化”研究计划，主要是帮助新兵迅速转变成为职业的优秀战士，利用红外线探测仪使老兵、新兵大脑直接连接，有丰富战斗经验的优秀老兵将自己的“战斗第六感”快速传输给新兵，刺激新兵相应的感觉通道脑区，可以极大地提高新兵感觉的灵敏度，成为“千里眼、顺风耳”战士。

2.3.2　脑疾病机理与防治

脑疾病研究旨在通过解析脑细胞功能和信息传输的生物化学机制，来明确外伤、中风、感染、脑的老化、智力发展障碍、新陈代谢异常、遗传性疾病等多种神经和精神疾病的发病原因，并根据其原理开发根本性的预防和治疗方法，保护脑不受伤害，最终达到有效防治脑疾病、延缓人类衰老等目的。

脑疾病机理与防治将成为脑科学的研究重点，其研究的目标主要有两个方面，一是神经性和精神性疾病的诊断和治疗；二是控制脑衰老的过程。常见的神经系统疾病如图 2－3 所示。

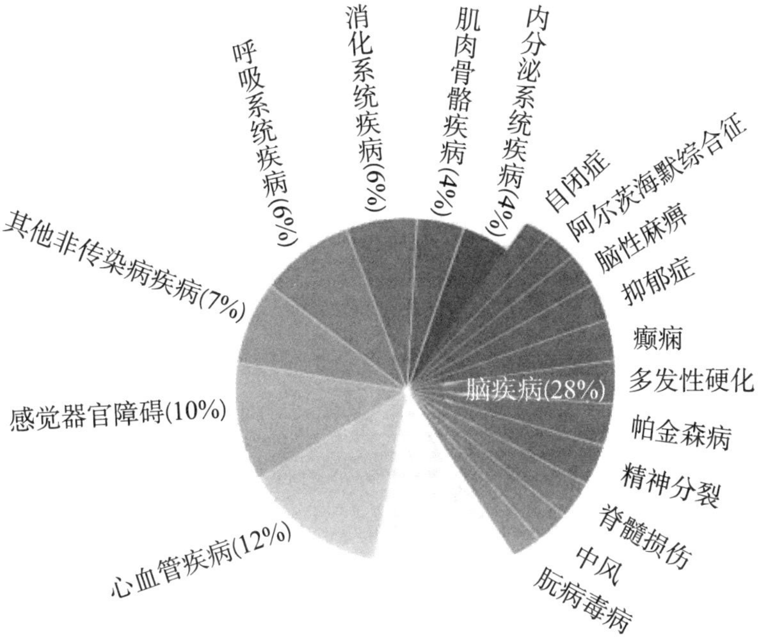

图 2－3　常见的神经系统疾病

当前，脑科学已经通过强有力的手段介入神经系统疾病的诊断和治疗。一方面，脑科学通过了解基本神经功能病变和高级神经功能病变引起的各类脑疾病的发病机理，研究疾病的诊断、治疗方法和技术等。另一方面，运用基因定位技术，确定是否存在某种特定的基因引起脑疾病，并对这些基因引起病症的机制进行探索。同时，现代脑科学在控制、延缓脑衰老方面也在进行着不懈的探索，研究成果正在不断涌现。

2014 年，DARPA 开展一项名为“基于系统的神经技术新兴疗法（SUBNETS）”的研发项目，通过对大脑进行电刺激来治疗精神疾病。项目主要目标是研制出大脑接口、大脑活动的计算模型，并为抑郁、慢性疼痛、焦虑和创伤后应激障碍（PTSD）等疾病找到临床疗法。

“创伤后脑功能恢复”项目利用对大脑活动和组织理解与建模的最新进展，开发 TBI 的治疗方法。项目的关键是检测和量化大脑在新记忆形成过程中发生的功能和结构变化，并将这些变化与随后行为任务执行过程中的记忆召回相互联系。该项目还将开发监测和调节神经活动的神经接口硬件，帮助临床患者成功地形成新记忆。项目最终目标是确定可以绕过或恢复记忆神经功能的有效治疗方法。

2.3.3 类脑模型与信息处理

类脑模型与信息处理研究是脑科学研究领域的一个焦点，旨在模拟脑功能并深化应用。主要方向是在解析人类神经系统结构与功能以及人类行为与心理活动的物质基础的同时，利用信息科学、计算机科学等方法和手段模拟大脑的相关功能，开发脑执行各种基本或高级功能的算法、模型等，进一步推动与神经科学交叉的人工智能、仿生学、机器人学等应用科学的发展。“类脑”是人工智能发展的重要途径，其中，深度学习是类脑人工智能最成功的案例。深度学习植根于对大脑视觉系统的研究。视觉系统由很多“层”神经网络组成。神经信号经第一层处理后送至第二层，经第二层进一步处理后送至第三层，以此类推。层与层之间的网络连接是通过学习训练而形成的。目前，类脑人工智能的发展还面临着脑机理认知不清楚、类脑计算模型和算法不精确、计算架构和能力受制约三大瓶颈。但随着人们对视觉注意力、抉择、学习等认知功能的大脑神经网络机制研究的不断深入，三大瓶颈问题将会被一一化解。

2.3.4 类脑与脑控

“脑控”是指由意识直接控制外界物体或设备，减少或替代肢体操作，从而提高操作人员操控外部设备的灵活性和敏捷性。“脑控”的技术原理是通过信号采集设备从大脑皮层采集脑电信号，脑电信号经过放大、滤波、模数转换等处理转化为可以被计算机识别的信号，然后对信号进行预处理，提取特征信号，再利用这些特征进行模式识别，最后转化为控制外部设备的具体指令。实现“脑控”的关键是突破脑机接口技术，不仅实现大脑与机器的互通互联，还能够实现信息的准确、实时传递。“脑控”应用最初是在电脑游戏软件领域，后来应用逐步拓展到医疗、军民等领域。

当前，脑控武器在脑控技术方面日益先进成熟。例如，DARPA 开展的“阿凡达”计划，旨在通过“脑机接口”使士兵与半自主机器人有效配合，形成搭档关系。该局还在实施另外一项计划：通过将芯片植入人脑，实现人机互联。另外，据外媒报道，该局还在对一种人脑植入装置进行测试，尝试将人类脑电波转化为控制信号，对无人驾驶飞行器进行控制。这项技术一旦成熟，美军将拥有真正的脑控无人机。可以预见，未来脑控技术将朝向人与武器高度结合的方向发展。

2.4 生物能源技术

生物能源又称绿色能源，是指植物通过光合作用将太阳能转化后储存在生物质中的能量，是人类最早利用的能源。其转化的过程是通过绿色植物的光合作用将二氧化碳和水合成生物质，生物能的使用过程又生成二氧化碳和水，形成一个物质的循环，理论上二氧化碳的净排放为零。生物能源是一种可再生的清洁能源，开发和使用生物能源，符合可持续的科学发展观和循环经济的理念。因此，利用高新技术手段开发生物能源，已成为当今世界发达国家能源战略的重要内容。但是通过生物质直接燃烧获得的能量是低效而不经济的。随着工业革命的进程，化石能源的大规模使用，生物能源逐步被煤和石油、天然气为代表的化石能源所替代。但是，工业化的飞速发展，化石能源的大规模利用，产生了大量的污染物，破坏了自然界的生态平衡，化石能源的弊端日益显现，为了进行可持续发展，生物能源的开发和利用又被人们提起。

生物能源的载体是有机物，所以能源是以实物的形式存在的，是唯一一种可储存和可运输的可再生能源。而且它分布最广，不受天气和自然条件的限制，只要有生命的地方即有生物质存在。从利用方式上看，生物质能与煤、石油内部结构和特性相似，可以采用相同或相近的技术进行处理和利用，利用技术的开发与推广难度比较低。另外，生物质可以通过一定的先进技术进行转换，除了转化为电力外，还可生成油料、燃气或固体燃料，直接应用于汽车等运输机械或用于柴油机、燃气轮机、锅炉等常规热力设备，几乎可以应用于目前人类工业生产或社会生活的各个方面，所以在所有新能源中，生物质能与现代的工业化技术和现代化生活有最大的兼容性，它对常规能源有很大的替代能力。

在军事行动中使用生物能源可以降低部队对石油的依赖，便于就地取材，提高军事能源供应能力，为未来可能的能源危机中保障部队作战提供解决方案，具有广泛的军事应用前景。

2.4.1　生物燃料

生物燃料依据其使用的原料和技术可分为四代。第一代的代表产品为生物乙醇和生物柴油，由玉米等可食用作物为原料。第二代的代表产品是纤维素乙醇和生物柴油，由以麦秆、木屑等农林废弃物为主的原料经过预处理、酶降解和糖化、发酵等步骤制成。第三代是指以微藻为原料生产的各种生物燃料，也称为微藻燃料。第四代主要利用代谢工程技术改造藻类的代谢途径，使其直接利用光合作用吸收二氧化碳合成乙醇、柴油或其他高碳醇等。目前第二代和第三代生物燃料是各国研发和应用的重点，第四代生物燃料是当前最新技术，尚处于实验研究阶段。

2.4.2　生物燃料电池

生物燃料电池具有无毒、无有害排放的优点，其燃料主要包括环境中易于获取的、战场产生的或后勤补给中已有的各类燃料。当前生物酶燃料电池是生物燃料电池的研发重点，美国海军研究实验室等都正在研究酶燃料电池；美国加州理工大学、德国卡尔斯鲁厄理工大学等正在研究生物太阳能电池。美国海军研究实验室研究用于气象传感器的微生物燃料电池。微生物燃料电池利用整个微生物作为催化剂，能够使用各种类型的燃料，已经得到验证的燃料包括糖类、有机酸、纤维素、废水、燃料油污染的地下水、蓄水层中分解的有机物质等。美国海军研究实验室的研究人员多年来一直在资助研究基于沉积物的微生物燃料电池。

2.5　仿生技术

仿生学 Bionics 由拉丁文“bio（生命）”和词尾“nic（具有……的性质）”构成，是近年来发展起来的工程技术与生物科学相结合的交叉学科。植物和动物在数亿年的自然进化中不仅完全适应自然且其程度接近完美，一些植物和动物的特殊功能能够超越人类类似技术的性能。仿生技术将动植物等生物系统所具有的功能原理和作用机理作为生物模型进行研究，在技术方面模仿动物和植物在自然中的功能，最后实现新的技术设计并制造出性能更好的新型仪器、机械等。

2.5.1　仿生材料

仿生材料可以实现各种不同功能。瑞典研究团队借鉴自然界将纤维素纳米纤维排列成近乎完美的宏观布局的方法，对纤维素纳米纤维进行处理，研制出尺寸较大、具有轻质高强等优异力学性能的生物基材料，其强度超过了所有已知的生物基材料。人造纤维素纤维可以编织成织物以扩大其应用范围。研究人员估计，这种新材料的生产成本可以与目前强力合成织物的生产成本竞争。日本北海道大学受人体骨骼肌经力量训练后变得更加强健这一特性的启发，研制出一种新型水凝胶材料。该材料在反复拉伸后强度和刚度可以增强。该材料可用于制造柔性护具和柔性机械外骨骼，相关工艺也可应用于其他凝胶；改变溶液中单体分子的种类，还可使材料对温度变化产生反应，如高温加热后材料表面变得更加防水。

2.5.2 仿生机械

仿生机器人呈现出各种不同特点，满足各种不同需求。美国加州大学圣迭戈分校、加州大学伯克利分校和斯克里普斯海洋学研究所合作，研发出一种透明软体机器人，可在水中波动运动并伪装。波动运动透明软体机器人处于原理样机阶段，推进速度低，未来需要进一步改进波动推进效率。美国哈佛大学仿照蛇的运动模式，利用剪纸方法研制出一种新型皮肤，能有效提升软体机器人在粗糙地面的爬行能力。该软体机器人皮肤参照爬行动物设计，结构简单、成本低廉、能实现复杂动作，提高了软体机器人的推进效率。仿蛇皮皮肤应用后，可提高软体机器人执行搜救、勘探、环境监测、医疗等任务的效能。

2.6 人体增强技术

人体增强是指利用生物科学、机械科学、电子科学、信息科学、认知神经科学等领域的最新进展，采用电子学、化学、神经科学、遗传学和行为学技术以提高人类的身体与大脑能力，使人体具有更强大的体力、耐力、思维决策力和团队合作能力等，目的是显著提高人类的生活质量。

2012年10月，美国国家科学院应美陆军要求，研究撰写并发布了名为《人体效能改造：国际研究现状及未来展望》的报告。报告指出，医学、生物学、电子学和计算技术的发展已经使得改造人体的能力日益成熟，而且这类创新毫无疑问地会被各国军队所采用。报告中提到的人体效能改造领域包括大数据、认知计算、认知信息处理、增强现实、人因设计、认知削弱、认知改造组织工程、决策、脑机接口、纳米技术等。

2012年11月，英国皇家学会、皇家工程院、英国科学院、英国医学科学院4家机构联合发布了名为《人体增强与未来工作》的报告。报告指出，人体增强技术未来将彻底改变人类的生活工作方式。报告关注的人体增强领域主要为认知增强与生理增强两大类，包括认知增强药物改善记忆力和注意力，助听器和视网膜植入改善感知觉，仿生肢体恢复运动能力，转基因更换眼部光感器，组织工程与再生医学改造器官，以及认知训练、大脑刺激、营养增强、化妆增强等技术，并列举了目前已被使用的哌甲酯（利他林，methylphenydate，Ritalin）、托莫西汀（tomoxetine）和莫达非尼（modafinil）等认知增强类药物。报告将这些能够增强人类机能的科学手段统称为人体效能增强装置。

2013 年 8 月，全球知名技术研究和咨询公司高德纳公司（Gartner）发布《2013 年技术曲线成熟度报告》。报告预测，除了信息技术的多项前沿科技将突飞猛进地发展，另一项将在市场形成规模的技术就是人体增强装置，它将提高人类感知能力与体能。这其中包括，机械外骨骼、脑机接口、视网膜植入、听觉增强装置，以及提高智力的神经药物。

上述报告均认为，人体增强技术可以使普通人以及军人工作更加高效，且能在此前无法进入的环境中工作。美军已经开始大力投资开发能够提高作战人员能力的新技术，通过开展神经科学生物技术、纳米技术、机器人技术和其他新兴技术领域的研究，改善睡眠剥夺，提高认知性能，增强力量强度，减少肌肉疲劳，增强身体心灵等。

2.6.1　可穿戴技术

在现代技术战争条件下，士兵遂行多种行动任务，需携带的装备和物资越来越多、负荷越来越大，严重影响行军速度、机动灵活性和持续作战能力，同时士兵生存能力也越来越受到重视。由此，应用仿生技术的军用可穿戴外骨骼、智能作战服等军用可穿戴装备便应运而生。军用可穿戴外骨骼和智能作战服旨在扩充或增强人体的生理机能，提高士兵携行能力，减轻负重对士兵的损伤，从而提高士兵负重情况下的持久作战能力。

2.6.2　机械外骨骼

机械外骨骼（Powered exoskeleton）是一种可穿戴移动机器，由电动机、气动系统、杠杆、液压系统或多种技术组合提供动力，从而使肢体运动具有更高的强度和耐力。它的设计旨在提供背部支撑、感知用户的运动并向管理齿轮的电动机发送信号。外骨骼支撑肩部、腰部和大腿，并协助移动以举起和握住重物，同时降低背部压力。根据其能源来源可分为有源的外骨骼与无源的外骨骼：有源外骨骼可增强使用者的力量，无源外骨骼则通过机械结构将负重传导至地面来减轻使用者负担。

第一套外骨骼动力服在20世纪60年代由通用电气公司与美国军队开发，当时命名为硬男（Hardiman），穿着这套装备时举起150千克的物体就像举起6千克的物体一样轻松。不过这套服装并不实用，因为它本身重达680千克。此后，美军开展的典型机械外骨骼项目包括洛克希德·马丁公司的人类外骨骼负重（Human Universal Load Carrier，HULC）系统、雷神公司的XOS 2机械外骨骼系统及DARPA伯克利·布里克外骨骼项目等。HULC系统是一种无系绳、液压驱动的拟人化外骨骼，由埃克索仿生学公司的卡兹热尼（H. Kazerooni）教授和他的团队开发。它的目的是帮助战斗中的士兵在更长的时间内、在负重200磅（1磅＝0.453 6千克）的情况下，以每小时10英里（1英里＝1.609 3千米）的最高速度行进。该系统自2000年以来一直在伯克利机器人和人类工程实验室进行开发，于2009年2月26日在AUSA冬季研讨会上公布，当时与洛克希德·马丁公司达成了独家许可协议。

HULC系统提供髋关节和膝关节的动力辅助。创新的液压架构非常高效，使系统不必依靠发电机而是依靠电池运行。洛克希德·马丁公司宣布，它正在评估燃料电池电源，以延长支持96小时任务的持续时间。HULC系统也很容易佩戴，如图2-4所示。其折叠体积很小，穿戴时只需展开HULC系统，双脚踩在脚垫上，然后用皮带包住大腿、腰部和肩膀。脚垫上的传感器将信息传递给微型计算机，该微型计算机移动液压系统，以放大和增强穿戴者的运动。该系统的灵活性使士兵可以跑、走、跪、爬，甚至可以低蹲。没有操纵杆或控制机制，取而代之的是传感器检测运动，并使用机载微型计算机使外骨骼系统与身体同步移动。该系统的钛结构和液压动力增强了士兵的能力、力量和性能，且其模块化组件可以轻松地进行更换。最近，HULC系统在美国马萨诸塞州的美国陆军纳蒂克士兵研究、开发和工程中心进行了评估，升级后的系统包括更长寿命的电池和优化的控制软件。

XOS 2机械外骨骼系统（俗称“钢铁侠”套装）是雷神公司为美国陆军开

图 2 - 4　穿着 HULC 系统的士兵

发的第二代机械外骨骼系统，由带有电气系统的外置内燃机液压发动机提供动力，从而避免了电池供电带来的爆炸问题。机械外骨骼的每个关节上都安装有计算机处理器，安装在系统各处的传感器通过以太网向处理器发送各位置受力信号。接收信号后，处理器促使执行机构使用加压液压提供每平方厘米约 200 千克的力，使士兵能够以 17∶1（实际重量与感知重量）的比例举起重物，提升士兵的力量、耐力和敏捷性。雷神公司 XOS 2 套装的无束缚版本有望在 2035 年投入运营。

第 3 章　国外军用生物技术发展举措

军用生物技术的研究目标是从使用者的角度最大限度地提高武器装备的使用效能，进而发展基于生物学原理的新型关键装备部件乃至武器系统。

翻开历史画卷不难发现，变革人类战争样式的众多重大发明均与生物学的发展进步休戚相关。例如，基于对鸟类翅膀的解析，人类设计出飞行器翼型，不断促进作战飞机的进化；通过模仿蝙蝠超声定位，人类发明了雷达技术，使“千里眼”不再是神话；借鉴海豚超声波探测，人类发明了声呐技术，能够洞察水下世界。

军用生物技术的发展，将使武器操作、战场指挥、通信和后勤保障等发生质的变化和跃升，将成为军事技术的制高点，为传统武器装备发展提供新的动力，主要包括：军用生物技术与武器装备融合；军用生物技术将带来新的武器操作模式，推动武器装备向“脑-机结合”方向发展；借鉴和利用生物众多的优异结构和特殊的功能，将为武器装备实现跨越式创新发展提供新的源泉；军用生物技术将提高战场信息感知和处理能力，为军队后勤保障提供新的方法。

近年来，世界主要军事强国高度重视发展军用生物技术，成立相关组织管理机构、制定发展战略、设立重大发展计划，从国家层面推动军用生物技术的发展。经济合作与发展组织（OECD）统计数字表明，全球共有超过 50 个国家/地区发布了国策性质的军用生物经济相关政策。其中，联合国安全理事会五个常任理事国、G7 集团国家、金砖五国等均发布了军用生物技术战略或相关战略。从投资体量来看，美国对生物科技年投资体量在 300 亿美元以上；德国、英国、日本等国家年度投资体量在 20～30 亿美元，国际经济合作与发展组织发表的《2030 年生物经济：制定政策议程》报告预计，到 2030 年，生物技术对全球 GDP 的贡献率将达到 2.7％以上，军用生物技术已成为经济和军事大国竞争角逐的前沿新兴战略高地。世界主要军事强国正在积极推进军用生物技术的发展，谋求大国竞争中的优势地位。

3.1 美国军用生物技术发展举措

军用生物技术催生出军用生物材料与仿生系统、军用生物传感与生物计算、军事认知与脑控、人体增强与武器装备人-机-环境系统工程等诸多技术领域。军用生物技术是新一轮科技革命的核心动力，正在成为大国军事博弈的新高地。美军重视军用生物技术在国防科技与武器装备发展中的巨大潜力，已将军用生物技术列入国家顶层布局，成为美军重点资助和发展的八大战略领域之一，正多举措推动军用生物技术的军事应用。美国国防部、能源部等相关政府部门牵头，联合工业部门及大学成立了军用生物技术相关研究机构，DARPA成立了生物技术办公室，强化对军用生物技术项目的统一管理；美国先后实施了“生物监测”“生物盾牌”“生物传感”“脑科学研究”等计划。

2019年以来，美国国防部在新一轮管理体制改革中，首次将军用生物技术提升为与人工智能同等重要的11大关键军事技术之一，由国防部统管，加速推进军用生物技术的军事应用，其夺取军用生物领域主导优势的意图更加明显。军用生物技术能够对装备发展、作战样式和战争形态产生深刻影响，产生颠覆性的制胜机理和非对称优势。

3.1.1 调整组织体系，提升发展战略高度

近年来，在美国国防部及各军种的科技发展战略与规划中，均将军用生物技术的军事应用置于重要位置。美国国防部和陆、海、空军都有军用生物技术相关的科研机构分别承担科技发展战略规划中的相关研究项目，这些研究机构包括DARPA、陆军研究实验室、陆军联合军用生物技术研究所、海军研究实验室、空军研究实验室等。

2003年，美陆军成立陆军联合军用生物技术研究所，专门负责推动陆军生物技术研发，开展合成生物学、认知神经科学等研究。美国陆军研究实验室正在研究利用最新的神经科学技术来检测大脑状态，以改善理解能力、目标感

知和决策能力；2004 年，美政府宣布成立“国家作物安全科学顾问委员会”，其职责是为所有从事和资助生命科学研究的联邦政府机构提供建议，制定和监管生命科学研究的指导方针，防止生物技术被滥用；2007 年，美国国家科学院成立“未来 20 年神经科学军事与情报研究应急委员会”，专门从事生物技术预测与评估工作，重点关注脑科学最新研究进展；2010 年，美国国防部建议设立军用生物技术与生命科学的主管机构，确保美军在军用生物技术领域获得优势与领先地位。

20 世纪 90 年代中期，DARPA 开始研究生物技术，迄今已经在生物领域投资开展了一百多个项目。21 世纪以来，生物技术已经成为 DARPA 的重点研究领域之一，DARPA 在生物技术领域的投资额已超过 38 亿美元，在 DARPA 总投资中占比高达 8.9%。

1994 年，美国国防部开展生化防御计划（CBDP），以提升美军应对生化攻击的能力，确保美国国防部作战行动不受化学与生物威胁限制，提供支撑国家军事战略的化学与生物防御能力，陆海空三军、DARPA、能源部、国土安全部、国家科学基金会、国家标准和工艺研究所、工业界等多个部门都参与到研究计划中。DARPA 应国防部要求，参与完成在该计划中生物战防御方面的研究，在国防部大计划的引领下，DARPA 在生物战防御领域持续研究了十余年。

2014 年 4 月，DARPA 正式成立生物研究的“一站式服务”部门——生物技术办公室（BTO），以响应国防部的紧急和长期需求，组织进行生物学、工程学、计算机科学、数学和物理科学的交叉研究，将突破性的基础研究发现与应用进行培育、展示和转化，并解决国家安全优先事项。生物技术办公室主要对包括从单细胞到复杂的生物系统在内的各种自然机制进行研究，重点研究以下 3 个方向：一是探索新技术与方法以维持作战人员能力的最大化，并确保作战人员在能力下降时尽可能迅速、充分地恢复能力；二是利用生物系统高度进化的功能性与综合性能力，研发出新产品和系统，以保障国家安全；三是通过更好地理解生物系统内部的动态交互作用，催生增强机体健康的新方法。

2018 年 5 月 18 日，DARPA 生物技术办公室发布跨部门公告（BAA），围绕其关注的16个技术领域（见表3－1），向工业部门征询建议。BTO在技术领域的投资不仅局限于生命科学的医学应用，如人机界面、微生物生产平台等研究领域，还将深入探索不断演变的生态环境对美国战备和能力的影响。

表3－1　DARPA生物技术办公室关注的16个技术领域

序号	技术领域
1	探索并利用神经科学、心理学、认知科学和相关学科领域的新发现，促进神经系统疾患的治疗与康复，并优化人体机能
2	了解和改进生物体和物理世界之间的接口，从而研制无缝混合系统
3	开发并利用对控制生物系统行为的优先设计规则的基本认知
4	为细胞、组织、器官、有机体和复杂群落等生物系统的正向工程研发新工具和新功能，开发新型产品和功能系统，并获得对潜在机制的新见解
5	开发新的平台技术，使生物样品的收集、处理和分析实现集成化、自动化和小型化
6	开发利用生态多样性或支持人类在极端环境（海洋、沙漠、太空等）中作战的技术
7	开发和验证新的理论和计算模型，以确定生物有机体（从单个细胞到全球生态系统）的集群行为和交互行为的基本要素与原则
8	了解生物种群和生态系统行为的动态，以保持生态平衡，提供战略机遇，避免灾难
9	开发和利用可用于促进农业生态系统生产稳定的新技术，以提高质量或者减少病原体和虫害带来的损失
10	在微生物、昆虫、植物、海洋生物以及其他非人类生命体范围内，开发和利用对其的最新见解
11	开发确保生物技术安全、生物安全以及生物经济安全的新技术和方法
12	了解全球粮食和水供应面临的新威胁，制定可在区域或全球范围内实施的对策
13	开发用于治疗、预防和预测传染病的出现和传播的新技术，防止传染病造成重大的卫生、经济和社会负担
14	开发和利用新技术，研究持续或近乎连续地监测生物有机体的等级系统，以阐明人类恢复力的机制
15	利用生物学提供有关海上作战优势的新战术和新战略
16	实现生物组件在以往工程化军事系统中的新应用

3.1.2　重视顶层设计，出台系列战略规划

美国国家科技委员会《21世纪生物技术、新的方向》指出，生物技术研究已经进入第二次浪潮。医药和健康研究在继续作为重点得到发展的同时，生

物技术研究的方向将向农业生物技术、环境生物技术、生物处理方法、海洋生物技术倾斜。美国生物技术研究的重点是进一步加强旨在发现、阐明、改良和控制各种生物技术应用的研究，从而确保美国在生物技术应用上拥有坚实的研究基础，有力地推动产品商品化和维护美国在全球生物技术发展中的领先地位。

2009 年，“生物革命”成为 DARPA 战略规划确定的 8 个战略研究领域之一，目标是利用现代军用生物技术进展，提高士兵与装备效能。2012 年 1 月，美国政府公布了一份题为《维持美国的全球领导地位：21 世纪国防的优先任务》的国防战略指南，战略指南中提到了将新兴生物技术作为国家安全能力提升的关键技术。2013 年 9 月，美国政府在《游戏规则改变者：颠覆性技术与美国国家战略》的报告中通过了 3D 打印、自主系统、定向能、信息网络、人体效能增强等技术战略。

2015 年，DARPA 发布了新版战略规划文件，将“驾驭生物系统”设置为当前的四大战略重点之一，这是继 2003 年将“生物革命”设置为战略重点之后，DARPA 在生物技术领域做出的首次战略调整，标志着 DARPA 对生物技术的定位已不局限于传统的士兵医疗以及疾病防控，而是富有前瞻性地站在更高的战略高度，目标是在研究的基础上进一步驾驭整个生物系统为己所用，从国防部为战士提供药物的传统生物观念发展到从多个方面保障国家安全。

2017 年 12 月，美国发布了《国家安全战略报告》，报告中提到将着重保护美国的科技创新生态系统，以确保美国在科技创新领域的领先地位。2018 年 9 月 18 日，特朗普签署第 14 号国家安全总统备忘录，公布美国《国家生物防御战略》，旨在通过多部门协作和跨学科方法，完善生物防御体系，加强生物事件风险管理，有效应对生物威胁，体现了美国生物防御的新动向。

2020 年 3 月 11 日，美政府问责局（GAO）发布对美国《国家生物防御战略》（以下简称《战略》）实施情况的审查报告《进一步努力加强国家生物防御战略的有效实施》，肯定了《战略》增强美国国家生物防御能力的作用，发现了《战略》实施中的问题，并提出相应建议。2020 年 7 月，国防工业协会举办了线上研讨会，美国国防部负责研究与工程的副部长办公室生物技术助理主任米歇尔·罗佐表示，生物技术是利用生命系统创造广泛产品的工程学科，未来将对国防部门产生重大影响，具有改变军事系统和任务空间的潜力。作为一项颠覆性技术，将改变作战方式，并为国防部提供跨多个领域的主导能力。

3.1.3　增加经费投入，保障研究顺利开展

美军对军用生物技术研究经费给予了较好的保障。军用生物技术作为重要前沿技术，一直得到 DARPA 经费投入的大力支持。2013 财年，DARPA 预算经费 28.17 亿美元，共安排 165 个项目，其中军用生物技术相关项目 34 项，经费约 2.9 亿美元，占总经费的 10.3%；2014 财年，DARPA 预算经费 28.65 亿美元，共安排 158 个项目，其中军用生物技术相关项目 31 项，经费约 4.24 亿美元，占总经费的 14.8%；2015 财年，DARPA 经费预算 29.14 亿美元，共安排资助 165 个项目，其中生物类相关项目共 31 项，经费 4.19 亿美元，占总经费的 14.4%。从具体项目领域看，投入较多的 3 大领域分别是生物材料与制造、生物计算与生物电子、军事认知神经科学，重点研究方向包括生物适应组装与制造、纳米尺度仿生材料、生物设计、生物界面、人体辅助神经设备、作战语言翻译等。

2020 年 4 月，DARPA 2021 财年预算在生物技术领域共投资 3.74 亿美元，比 2020 财年上涨 17.6%，新增 6 个项目，在研项目共计 26 个；2021 年 4 月，DARPA 发布 2022 财年预算，在生物技术领域共申请 4.38 亿美元预算，比 2021 财年上涨 17.1%，新增 4 个项目，在研项目共计 30 个。从具体项目领域来看，生物技术项目主要聚焦传染病防护，战伤救治、战场防护和效能增强，作战人员损伤修复，战场环境监测，后勤保障，农业与环境安全以及生物战防御七大领域，呈现聚焦单兵战场救治、防护和效能增强技术，聚力战场环境监测与后勤保障技术，大力研发传染病防控医疗对策和加快生物技术装备化发展与作战应用的特点。

3.1.4　坚持系统部署，推进重点研究方向

美军非常重视国防科技战略的体系化建设，其科技战略包括多个层面。从

空间上看，国防部、军种、科研机构将军用生物技术确立为重点，均不定期制定科技战略规划，例如《国防部科技战略与优先领域》《国防高级研究计划局战略规划》《陆军科学技术总体规划》《海军科技战略规划》《空军科技战略》等。各战略不但明确了本级生物技术战略的发展路径，而且还指明了与其他部门生物技术规划的补充与协同关系。

从时间上看，美军的科技战略可以分为近期、中期、远期等不同阶段，不同阶段的战略中生物技术发展战略经历了技术探索、原理实现、技术应用、作战部署、反馈提升等环节，有效提升了生物技术战略推进效率。此外，美军高度重视信息技术对军事变革的引领作用，未来继续将信息化与制信息权作为美军面临的首要任务，判断生物科技在 2050 年前仍以基础研究为主，局部领域有望转化为关键技术，主要体现为信息化与生物化融合发展态势。

2011 年，美国《海军科技战略规划》提出增强海军与海军陆战队未来作战能力的 8 项重点领域，涉及人-机交互、感知与智能决策、社会文化行为的理解分析、作战人员认知生理效能和生物识别与监测等军用生物技术内容；美国《空军科技规划》要求重点发展与军用生物技术相关的多项技术，包括生物能源、定向能武器生物效应、人体效能、仿生材料、武器系统人因设计、人体效能强化和高级认知建模等。

2014 年 3 月，美国陆军研究实验室发布《陆军科学规划与战略报告》，提出 6 项重点研究领域，分别是极端环境材料、生物科学、量子信息与传感、战术信息、智能系统、人因；同年，陆军研究实验室发布的《2015—2035 技术战略》，提出未来应获取以下方面的优势：兵力投送、制信息权、杀伤力、防护水平、士兵效能增强，其中士兵效能增强专注于作战人员生理、认知和感知效能的实质性增强，缩短指挥人员培养所需时间，促进认知能力提高以更快地将数据转化为决策。

陆军联合军用生物技术研究所以“生物驱动、技术创新”为指导思想，设立了 5 个研究领域：生物分子传感、仿生材料与能源、生物发现工具、仿生网络与认知神经科学。海军研究实验室设有生物与分子科学工程中心，研究方向包括生物微结构、生物传感器、新型生物材料、分子生物学与合成生物学等。

空军研究实验室军用生物技术的相关研究方向，包括认知神经科学、人机界面、生物系统、武器装备人因设计、人体效能优化，以及仿生飞行器、武器生物效应和仿生材料等。

3.1.5　铺陈重大计划，全面开展课题研究

近年来，美国实施了“生物监测计划”（BioWatch）、“生物盾牌计划”“生物传感计划”等生物计划，2013 年发布了为期 10 年的“脑计划”（BRAIN）。DARPA 作为最大的出资机构，将研究捕获和处理神经动态活动的新技术，开发新一代信息处理系统和神经接口机制。

3.1.5.1　生物监测计划

（1）推出背景

2001 年 9 月 11 日，美国纽约双子塔的轰然倒塌像一记重锤，让二战以来充满自信的美国人感受到了几乎史无前例的重重一击。在此之后不久的 9 月 18 日和 10 月初，几封装有白色粉末的信件又被分别寄往两位参议员的家中和东海岸数个州的新闻媒体办公室。这次事件最终导致 22 人被确诊感染炭疽杆菌，其中 5 人死于吸入性炭疽感染，共有 43 人测试结果为炭疽感染阳性，另外还有 1 万人被认为有可能遭遇暴露于炭疽杆菌之中的风险。直到 2010 年 2 月，美国联邦调查局才最终完成对此次事件的调查。

这两次事件让布什政府以及当时的美国人对恐怖袭击充满了恐惧，对于因生物技术进步带来的价格低廉、运输便宜却又难以察觉的生物武器攻击更是防不胜防。在“9 · 11”事件之后的阿富汗战争中，美国也多次发现有基地组织在研发生物武器。随着生物学的不断进步，尤其是对人类和微生物之间长期“共生”关系的最新认知，促使小布什政府强调主动出击的“先发制人”战略，决心提升对生物攻击的防御。在 2002 年《抗击大规模杀伤性武器国家战略》、2004 年《21 世纪生物防御》行政令和 2004 年的《生物盾牌法案》相继推出的背景下，小布什政府推出了相互关联的三大生物反恐计划，即 BioWatch、生物传感计划和生物盾牌计划。

（2）主要内容

BioWatch的目标在于对释放到空气中的病原体进行探测，并就潜在的生物恐怖事件向政府和公共卫生部门发出预警。这项计划由环境保护署、疾控中心、地方司法部门三大部门协同完成。其中，环境保护署负责采样环节，疾控中心负责实验室样本分析环节，地方司法部门负责对分析得到的阳性样本发现做出反应，尤其是当探测到生物恐怖事件时，联邦调查局将在执法应对中担任领导机构。该计划在建立之初由国土安全部的科学技术委员会负责，2007年被转归卫生事务办公室，2018年反大规模杀伤性武器办公室成立后，成为该计划新的管理者。

虽然美国政府鲜有关于该计划具体内容的详细介绍，但从各类报道的描述综合来看，具体的操作是将气溶胶采样器安放在原有的美国环境保护署空气质量监测站进行空气采样，让空气通过一种特制的纸质过滤器。这些过滤器每24小时由工作人员手工采集一次，对过滤后的采样空气进行分析，利用聚合酶链式反应（PCR）技术来判定潜在的生物武器攻击。最初该计划中的过滤器需要被送到加州的联邦实验室进行测试，之后州与地方的公共卫生实验室也具备了分析能力。测试的潜在病原体对象包括炭疽、天花、瘟疫和兔热病等。据称，这项计划最初在30多个城市配备了监视装备，后期将扩大到120个城市，每座城市的安装成本预计为100万美元，运行成本也预计为100万美元。

一旦实现其设计初衷，该系统的优势十分明显，即实现大规模生物恐怖袭击的初期探测，从而尽可能减少人员损失。具体而言，美国政府对该系统主要有着下述预期：实现生物袭击或传染病暴发初期的准确探测，不仅尽可能减少阳性误报，而且对威胁涉及的规模与程度有较为准确的判断，同时加强多方联系与沟通，包括行政部门、公共卫生官员、医护人员、实验室工作人员和病理学家等。此外，在一定程度上还能协助对非传染性健康问题的监测。然而，该系统的发展经历也表明，这样的主动监测方案虽符合“先发制人”战略导向，但由于自然环境中原本就存在相似度颇高且有可能发生自然变化的多种有益和有害微生物病原体这一事实，再加上监视设备数量和安装场所相对有限，难以实现全民工作、生活区域的覆盖，预警不足或预警过度成为始终难以绕开的难题。

（3）升级改进

在第一代生物监视系统运行 2 年之后，第二代系统投入使用。经过这次升级，不仅设备的投入范围有所扩大，还加快了检测速度，从采样到完成初步检测时间为 10～36 小时。不仅如此，生物监视系统的传感器还被融入一套集环境监测、医学监测技术和公共卫生反应于一身的复杂系统之中。通过大众认知信息监测、病征监测、实验室监测和环境监测技术与系统间的有机融合，将能最有效地防御生物恐怖袭击。

在监视系统投入使用 5 年后，2008 年由美国国家科学院的医学研究所（Institute of Medicine）和国家科学研究委员会（National Research Council）组织了来自斯坦福、北卡罗来纳、哈佛、加利福尼亚等多所高校与研究所的专家组成“国家生物监测系统有效性评估委员会”，对 2003 年开始投入使用的生物监视系统进行评估。评估发现，在 2003—2008 年期间，生物监视系统共对搜集到的样本进行了几百万次的实验室分析与鉴定。

在这几百万次样本分析与鉴定中，共出现过几十次生物监视可行动结果（BioWatch Actionable Result，BAR），即当分析结果辨识出该系统针对的 5 种目标生物威胁介质之一时，实验室就会将该结果报告给当地的公共卫生官员，后者随之确定应对方案。由于在应对相关威胁时需要在短时间内采取多项行动，包括对民众预警、限制行动、医学检测等，因此若出现误判，对于美国这样反感政府干预私人生活的国家来说，将有可能导致民众对公共卫生系统失去信任。而上述几十次的“可行动结果”发现，没有一次源于有害生物介质的故意释放。尽管国土安全部认为这些发现的对象确属 5 种目标介质的范畴，但委员会认为由于其并非生物恐怖主义袭击的结果，因此还是应当被归于“假阳性”发现之列。

为了解决前期监视系统性能方面的不足，开发出能够对生物武器介质做出更准确判断的测试与鉴定技术，对公共卫生威胁发出更加及时的提醒，在上述委员会开始评估之时，第三代生物监视系统已投入开发。与第二代系统相比，第三代系统不仅部署的地区与装置数量大为增加，更重要的是在技术上有了很大改进，它带来的新的环境传感技术被称为“盒子里的实验室”。具体而言，它和第二代系统最大的区别就是，能够在现场就对空气样本进行自动搜集并做出分析，并在采集样本后4～6小时内将分析结果通过网络上报。此外，第三代技术还会增加对目标生物威胁介质的监视，同时在不改变监视灵敏度与假阳性检测率的情况下降低单个监视装置的采购成本。

2013年，负责管理BioWatch的国土安全部前卫生事务办公室意识到生物监视的及时性需要得到进一步提升，然而第三代生物监视系统开发受挫，其设想中的技术升级难以实现。对生物监测保持高度关注的蓝带生物防御委员会也在2015年的《生物防御国家蓝图》中建议开发更加先进的环境监测系统。卫生事务办公室随后启动了生物监视系统的替代方案分析。虽然在多方综合分析之后原系统得到沿用，但升级尝试仍在继续。2017—2018年间，在前期替代方案分析结果的基础上，加上各种分析、市场调查和若干次有州和地方决策者参与的工作坊研讨，卫生事务办公室以及后来成立的反大规模杀伤性武器办公室最终决定启动生物探测技术提升计划（Biodetection Technology Enhancement，BTE)，旨在以渐进的方式提高对有害物质监测的及时性，扩大系统覆盖范围和受益人群，同时增加有害病原体的探测种类。

相比之前的生物监视系统，此次技术提升旨在减少从发现危险到做出应对的时间。它利用一种触发装置，一旦持续监控系统发现问题，触发装置便会在2分钟内自动触发下一个环节，即空气样本搜集，并在样本搜集完成后进入有害介质的现地筛查环节。如果必要，这些样本会被送到实验室进行最后的验证。相对于之前生物监视系统从样本搜集到做出应对共需要的36小时，BTE需要的时间一共不超过9小时。此外，该计划的优势还体现在，之前的系统需要人力每天手动采集样本送到实验室，升级后由于有了自动触发装置，大大减少了对人力的需求。

然而，在试用的过程中人们发现，这一系统也远非完善。从灵敏度和精确度这两个至关重要的方面来看，该系统虽然能够准确探测出大颗粒物质，但对细小颗粒的物质却灵敏度不够，导致某些细小的病毒颗粒可能无法得到准确探测。正如2019年2月《洛杉矶时报》所指出的，2018年该系统有4台装置未能探测出颗粒微小、未形成团状的作为制造生物武器重要成分的炭疽孢子；而在对天花或其他可被用于生物武器制造的致命病毒的 168 次探测试验中，只有 8 次获得了成功，成功率低于 5%。更加严重的是，自动触发装置虽然看起来节约了时间，但却因对有害和无害颗粒区分不清而时常出现误判。这不仅意味着资源的浪费，更糟糕的是会严重削减人们对系统的信任度。再加上这次升级带来的成本大幅提升，2018 年国土安全部最终决定放弃该升级计划。

为了配合美国《国家生物防御战略》的出台，尤其是促进该战略五大目标中强化风险意识、提升防御能力这两项目标的实现，反大规模杀伤性武器办公室的领导层又于 2018 年 11 月决定启动 BD21。BD21 的最终目标在于增加生物监测密度，同时运用机器习得以及数据分析学等手段加强系统的性能，尤其是通过利用现有的商用触发装置来减少过多的阳性误报案例。

与之前的生物监视系统相比，BD21 使用了异常侦测感应器和数据分析法，以实现持续监视和现地筛查，并能对被排放到空气中的有害微生物进行及时上报，旨在缩短探测时间以实现提早反应，并使得联邦政府、州和地方的相关部门能够同时掌握局势以便协调一致。BD21 中的两项关键核心技术为触发装置和便携式生物介质识别器，前者即 BTE 中的触发装置，后者则是在触发装置发出报警后，被初期响应人员用来对悬浮于空气中的介质样本进行就地筛查以做出初期核验，而无须每次都费时费力地送到实验室进行验证。此外，BD21 的另一项关键技术要素是配合自动触发装置、避免其发出误报的异常介质探测算法（Anomaly Detection Algorithm）。

由于 BD21 中的生物传感器相互连接共同形成一个网络系统，它们从空气中搜集到的大量数据被汇总之后，便会有助于异常介质探测算法将有害和无害介质做出准确区分，从而最大程度减少误判。BD21 的另一大优势在于，它能够监测的介质种类远远超出原生物监视系统所能覆盖的范围，且能根据新威胁的出现而不断更新。此外，该系统对外界环境要求不高，能够在各种气候条件、各类环境中，包括室内、室外和半室内的条件下进行工作。更加令人心动的是，一旦技术足够成熟，BD21 的预计成本将只需保持在原生物监视系统的同等水平。

3.1.5.2 脑计划

美国作为全球创新的领先者，对于脑科学研究较早且投入较大。美国政府于 1989 年率先提出全国性的脑科学计划，并把 20 世纪最后 10 年命名为“脑的 10 年”；美国白宫于 2013 年 4 月提出被认为可与人类基因组计划相媲美的“白宫脑计划”（US BRAIN Initiative），旨在探索人类大脑工作机制、绘制脑活动全图、推动神经科学研究、针对目前无法治愈的大脑疾病开发新疗法。

美国政府公布“脑计划”启动资金逾 1 亿美元，后经调整，计划未来 12 年间共投入 45 亿美元。美国军方尤为重视脑机接口的创新研究及医疗、军事应用。2002 年，DARPA 推出了其“脑机接口”（BMI）计划，随后又进行了“人类辅助神经设备”（HAND）计划，从而更深入地研究了脑机接口领域。这些早期项目解决了多种脑机接口挑战，包括假体设备的感觉运动控制、记忆编码的简化、视觉输入的解码、动态神经解码算法的开发以及高分辨率神经成像的新设备的开发。这些由 DARPA 资助的工作提供了许多基础发现和基础技术，使得脑机接口领域的最新发展成为可能。

（1）革命性假肢

DARPA 于 2006 年启动“革命性假肢”计划，旨在创建先进的拟人化机械臂和控制系统，为受伤的战士扩大假肢的选择范围。约翰斯·霍普金斯大学、DEKA 公司等 30 多家研究机构参与该计划，相继推出了“LUKE 手臂”和 MPL 智能假肢。其中，“LUKE 手臂”由 DEKA 公司研制，于 2014 年获得美国食品药品管理局（FDA）认证，2016 年进入临床应用。“LUKE 手臂”能监测截肢患者断肢处的肌肉电信号，经计算处理将之转化成多达 10 种的肢体动作指令，包括喝水、从地上拾起购物袋，甚至握住重物或鸡蛋等易碎物品。此外，“LUKE 手臂”可通过传感器将“握力”信息反馈给患者，以便进行调整和活动。

2019 年 7 月 25 日，美国犹他大学发表“LUKE 手臂”的最新测试数据。该项研究成果除了实现大脑信号对机械手臂的控制，还实现了大脑对机械手臂的触觉感知。与传统假肢中使用无触觉感受的金属钩子或抓手不同，佩戴“LUKE 手臂”的患者可以像正常人一样对软或硬的物体产生触觉，从而执行一些精细的任务，比如拿起一个鸡蛋或摘下一粒葡萄，且不会用力过度而捏碎物品；再比如与他人十指相扣且不夹疼对方。除了创建具有触觉的“LUKE手臂”原型，研究团队还开发了一个完全便携的版本，其可无线连接到身体外部的计算机，给予佩戴者更大的自由。

（2）基于系统的神经技术新兴疗法（SUBNETS）

DARPA于2013年10月启动“基于系统的神经技术新兴疗法”（SUBNETS）计划，并于2014年5月宣布选定2个研究团队。该计划旨在创建用于治疗神经心理疾病的侵入式闭环诊断和治疗系统。该系统通过创建基于系统的大脑活动数据集，开发大脑活动计算模型和脑机接口，记录和分析大脑的活动情况并给予近乎实时的神经刺激，从而治疗和缓解大脑功能障碍，开发治疗重度抑郁、药物滥用和成瘾、慢性疼痛、焦虑、边缘性人格障碍和创伤后应激障碍等疾病的新疗法。

2018年秋，SUBNETS研究团队相继发布了3项研究成果，一是研发出一套解码技术，对记录下的神经信号进行分析以预测情绪的变化；二是发现了与抑郁情绪相关的大脑子神经网络（子网）；三是通过对眼窝前额皮质进行开环的神经刺激，来调节与抑郁相关的大脑子网，从而缓解中度和重度抑郁。

（3）恢复主动记忆（RAM）和RAM重播（RAM Replay）

2013年11月，DARPA启动“恢复主动记忆（RAM）”计划，并于2014年7月宣布选定2个研究团队。该项目最终目标是开发和测试用于人类临床的无线、完全可植入的闭环神经接口系统，该接口能够感知由损伤引起的记忆缺陷，并提供针对性的神经刺激以恢复正常的记忆功能，从而帮助因疾病或创伤导致记忆力减退的患者恢复记忆。

2015年4月，DARPA启动“RAM重播（RAM Replay）”计划。该计划为期2年，旨在开发新的闭环、非侵入性神经接口系统，该系统利用“神经重播”在记忆形成和记忆中的作用，帮助个人更好地记住特定的情景和所需学习的技能。

2017年10月，在RAM项目的资助下，美国休斯研究实验室（HRL）与加拿大麦吉尔大学以及纽约Soterix医疗的研究人员确认，“非侵入性经颅直流电刺激”（tDCS）可以提高人类的联想性学习能力。在试验中，头上佩带了tDCS装置的恒河猴能用更少的尝试次数学会完成同样的任务，效率增加约40%。研究人员表示，目前正寻求美国FDA的认证，预计在未来5～10年内广泛推广。

（4）手部本体感受和触感界面（HAPTIX）

2014年4月，DARPA启动“手部本体感受和触感界面（HAPTIX）”计划，并于2015年2月宣布选定8个研究团队。该计划旨在开发出可反馈感觉，如天然手臂般灵活的假肢，通过周围神经刺激帮助截肢者重新获得真实的触觉和运动感，帮助截肢患者进行神经恢复。通过恢复感觉功能，该假肢系统还可减轻或消除影响80%截肢者的幻肢疼痛病症。

该计划在DARPA的“革命性假肢”和“可靠的神经接口技术（RE-NET）”项目的研究基础之上，使用由医疗器械设计研发商DEKA研制的LUKE机械手臂开展研究。该手臂拥有14自由度，并搭载了为测试而设计的简易用户界面和操控系统。然而该手臂由为测试而设计的简易用户接口操控，HAPTIX将进一步开发测量和解码周围神经和肌肉中运动信号的接口系统，为用户提供实时、直观的假肢控制和感觉反馈。

（5）神经功能、活动、结构和技术（Neuro-FAST）

2014年6月，DARPA启动“神经功能、活动、结构和技术（Neuro-FAST）”计划。该计划旨在通过整合遗传学、光学记录技术和脑机接口技术，实现大脑活动的可视化和解码，以进一步了解大脑过程的工作原理。该计划的重点是建立新的光学方法，用于从大脑内的特定细胞类型中写入和读出信息，每种细胞类型都在行为和认知功能中发挥着独特的作用。Neuro-FAST衍生的神经调控方法不依赖电极和电刺激，而是利用光以单神经元精度记录和控制细胞活动。其中，“光遗传”技术已经在动物中得到证明，也有望用于人体试验。

（6）电子处方（ElectRx）

2014年8月，DARPA启动“电子处方（ElectRx）”计划，并于2015年10月宣布选定7个研究团队。该计划将神经回路测绘与创新的生物电接口研发相结合，探索应用神经刺激保护人类健康和加速康复。研究人员将开发用于外周神经活动闭环调控的新型非侵入式和侵入式设备，建立特定神经与生理反应联系的功能图谱。

该设备可通过直接刺激特定的神经元，对慢性疼痛、炎症性疾病（包括类风湿性关节炎、全身性炎症反应综合征和炎症性肠病）、精神健康疾病（如创伤后应激障碍、焦虑症和抑郁症）以及其他可能对传统治疗不敏感的疾病进行周围神经调节治疗。基于靶向周围神经刺激的疗法可持续监控人体的健康状况，激发身体迅速而有效的自愈能力，减少对传统药物的依赖并为疾病治疗提供新路径。

（7）神经工程系统设计（NESD）

2016年1月，DARPA启动“神经工程系统设计（NESD）”计划，并于2017年7月宣布选定6个研究团队。该计划的最终目标是开发一款可植入的神经接口，该接口能够在大脑和计算机之间建立超过100万个神经元级别的双向通信系统并提供空前的信号分辨率和数据传输带宽。该项目为期4年，研究团队将在此期间进行“高分辨率神经接口”所需的基础研究和组件技术研究。

（8）定向神经可塑性训练（TNT）

2016年3月，DARPA启动“定向神经可塑性训练（TNT）”计划，并于2017年4月宣布选定8个研究团队。该计划旨在研发激活“突触可塑性”的神经刺激方法，建立加强或削弱两个神经元之间连接的训练方案，以加速认知技能的获得，提高技能训练效果。激活突触可塑性过程是大脑进行知识或技能获取的重要过程。

外周神经系统是神经系统的外周部分，一端和中枢神经系统相连，另一端通过各种末梢装置和机体其他器官、系统相连。该计划对人的外周神经系统进行电流刺激，激活大脑神经的突触可塑性过程，刺激影响神经系统的化学物质生成，从而增强大脑学习能力，提高学习效果。研究人员还将对比在人体内植入芯片等入侵式刺激和非入侵式刺激的试验效果，探索如何管控风险、减弱副作用。

(9) 下一代非侵入性神经技术（N3）

2018 年 3 月，DARPA 启动“下一代非侵入性神经技术（N3）”计划，并于 2019 年 5 月宣布选定 6 个研究团队。该计划旨在开发新一代的高分辨率非侵入式双向脑机接口，可同时写入和读取多个脑位点的信息，提高士兵与武器装备的高水平交互能力，实现士兵的超级认知、快速决策和脑控武器装备等超脑和脑控能力。N3 计划包括两部分：一是非侵入式神经接口，通过体外设备的电极与大脑内预置电极进行匹配，实现机器与神经元直接联系，从而在神经元放电时记录电信号，并能刺激神经元放电等；二是微入侵式神经接口，将“纳米换能器”放置在神经元内部，当神经元放电时，该器件可将电信号转换成其他可透过颅骨并被外界接收的信号。

2019 年 5 月，DARPA 公布“N3”项目未来的 6 条技术路径，分别为可实现双向通信的微创接口系统、将电信号写入神经元的无创声光设备、对大脑进行连贯记录的光学系统、将信息写入大脑的无创声磁设备、大脑信息记录和写入的微创双向光磁系统、神经元信息写入的无创光磁集成设备。如果该项目成功，美国将拥有可穿戴的微型脑机接口系统，从而将神经技术从临床转移到国家安全的实际应用中。

(10) 智能神经接口（INI）

2019 年 1 月，DARPA 启动“智能神经接口（INI）”项目招标公告。该项目旨在建立第三代人工智能的概念原型，扩展神经技术的应用范围，开发稳定、可靠的神经接口维护和应用方法，力求最大化生物神经电路的信息容量，以提高神经接口的带宽和计算能力。该计划主要包括两个技术领域：一是神经接口维护，即研究神经接口的可持续发展和维护决策，以提高鲁棒性和可靠性；二是信息容量的最大化，即尝试模拟和最大化生物神经电路的信息容量，以提升神经接口的带宽和计算能力。该项目资助经费 100 万美元，属于 DARPA 的“人工智能探索”（AIE）计划。

(11) BG+

2019 年 10 月，DARPA 启动“BG+”计划。该计划为期 5 年，旨在开发新型智能和自适应神经接口，以修复脊髓损伤，恢复其自然功能。BG+将涵盖两个研究重点，一是开发新型再生医学技术，以连续测量生物标记物、跟踪脊髓损伤状态并提供治疗方法，从而稳定损伤并促进神经再生；二是开发网络接口设备，该设备可与神经系统或相关末端器官进行通信，并可将感觉反馈返回给 BG+的用户，以恢复生理功能。

3.2　俄罗斯军用生物技术发展举措

3.2.1　成立专门机构推进生物技术创新

俄罗斯先期研究基金会被称为俄罗斯的 DARPA，是俄罗斯在国防产业改革中，为使国防产业更有计划性和组织性，仿照美国 DARPA 成立的国家机构，显著推动了俄罗斯预研高新技术的发展。俄罗斯先期研究基金会将生物化学和医学技术列为三大研究领域之一，重点进行生物燃料、生物医药、纳米生物计算、认知技术等研究，探索新型军事装备和武器的潜在动力供应方法，以及实施武器、军事和特种装备组件和部件制造辅助技术工艺的发展项目。

3.2.1.1　组建历程

2010 年 9 月 22 日，是俄罗斯组建先期研究基金会的历史起点。俄罗斯现代化和经济技术发展总统委员会当时提议，为保证国防和国家安全在突破性研究和高风险研究方面的发展，推进俄罗斯联邦军队现代化，研发军民两用技术和产品，借鉴国外的成功经验，应建立独立机构来负责高新技术的开发、研究与管理，并要求国防部给出成立相关独立组织机构的建议。同年，根据俄罗斯国防部副部长德米特里·丘什金的提议，在军用通信服务公司“军事通信”成立了俄罗斯联邦军队建议搜集和鉴定部门，即科研中心-国防解决方案局。

2011 年年末，这个独立机构创立的倡议被政府再次提出，时任副总理的是德米特里·罗戈津。此次，国家安全和发展基金会项目提案以起草《先期研究基金会法律》的方式得以落实，且该法律（法律草案和附件、事实依据及联邦法律意见）由其提交给国家杜马审阅。

2012 年，俄罗斯先期研究基金会在 10 月 16 日签署的第 174 -F3 号联邦法律《关于先期研究基金会》基础上组建成立。基金会的上级机关为俄罗斯联邦政府，总部位于莫斯科，在西伯利亚设有一个分支机构，旨在支持西伯利亚地区的相关科研项目。

2013 年年初，基金会开始运行。因为当时才确定了预算、总部地点和基金会领导层。2013 年 8 月 7 日，在基金会监督委员会会议上明确了首批优先扶持的 8 个项目。至此，基金会的研究方向和领域得以初步确定。

3.2.1.2　组织架构

俄罗斯先期研究基金会的最高领导机构为监督委员会，下设总经理、理事会、科学技术委员会和监察委员会。

监督委员会共有 15 名成员，其中 7 人为联邦总统代表，7 人为联邦政府代表，1 人为基金会总经理。监督委员会主席为联邦政府副总理鲍里斯夫·尤里·伊万诺维奇。成员包括国防部副部长安德烈·科里沃鲁奇科、先期研究基金会总经理格里科耶夫·安德烈、俄罗斯科学院院长谢尔盖耶夫·亚历山大、国家航天集团总经理罗戈津·德米特里、国家原子能集团总经理里哈乔夫·阿列克谢、俄罗斯联邦工贸部部长曼荼罗夫·杰尼斯、俄罗斯库尔恰托夫研究院科研中心院长科瓦里丘克·米哈伊尔、俄罗斯联邦安全委员会副秘书长波波夫·米哈伊尔、罗蒙诺索夫莫斯科国立大学校长萨托付尼奇·维克多、联邦卫生部部长斯科沃尔措娃·维罗妮卡、国家安全局科技部部长费季索夫·安德烈、联邦总统助理夫尔谢恩科·安德烈、俄技国家集团总经理切梅佐夫·谢尔盖、俄罗斯纳米有限责任公司董事会主席丘巴伊斯·阿纳托利。监督委员会设秘书一名，现为杰尼索夫·奥列格。

总经理，负责基金会当前事务管理的个体执行机构，由俄罗斯总统根据监督委员会的报告进行任免。

理事会，负责基金会当前事务管理的集体执行机构。理事会成员由监督委员会根据总经理的报告进行任免。理事会现主席为安德烈·格里科耶夫总经理。成员为 5 名副总经理，分管科学技术委员会、物理技术研究、化学生物医学研究、基金会工作保障管理、数据分析。

科学技术委员会，基金会的常设咨询机构，旨在为基金会工作提供科学方法、数据分析和专家支持。科学技术委员会成员由监督委员会根据基金会理事会推荐确定。科学技术委员会主席由基金会副总经理维塔利·塔维托夫担任。委员共 39 人，来自工业和国防部各组织与单位。

监察委员会，主要任务包括：

1）验证基金会年度报告的信息翔实性；

2）检查联邦预算、基金会其他资金和财产使用的有效性；

3）检查基金会的财务经济工作问题解决方案是否符合监督委员会、总经理和联邦政策法规的要求；

4）就基金会三年收支计划草案编写和修订向基金会理事会给出建议；

5）解决基金会监察委员会总则中规定的其他问题。监察委员会主席和成员由监督委员会进行任免，任期不超过 5 年。

俄罗斯先期研究基金会现有员工 240 人。总经理为格里科耶夫·安德烈·伊万诺维奇（技术博士，莫斯科物理技术学院荣誉教授）。

3.2.1.3　生物相关研究方向

俄罗斯先期研究基金会是俄罗斯惟一专门从事前沿技术研究的科研组织机构，其将生物化学和医学技术作为重点研究的三大领域之一。在生物与医学领域，该机构开展的项目包括：前沿医学、新型生物材料、仿生学、未来能源以及综合生物体等。

（1）集成生物系统

多个知识领域交叉是现代科学研究中正在得到积极发展的方向之一。这些知识领域包括：神经生物学、心理生理学、认知心理学、机器人技术、计算机技术。先期研究基金会的文件将该方向称作“集成生物系统”，相应的研究正在“未来保卫者”综合项目的框架内进行。在该跨学科领域取得的现代化成果有助于制定经过科学论证的研究计划，而后者的顺利实施不仅能提高人的生活质量，还能提高其极限心理生理能力，包括在作战条件下。

先期研究基金会的文件还对计划在“集成生物系统”项目执行过程中取得的成就进行了更详细的描述。预计，主要目标和任务将分成以下四个方向：第一，先期研究基金会期望研制出能够进行反馈和对认知能力进行人格化加强的神经接口演示样品，旨在控制作战、侦察、运输，以及改善人员训练质量等；

第二，计划获得关于人和动物大脑认知功能机制的新试验数据，并检验关于皮层变异与个体能力差别的关系的假说；第三，基金会意识到，在认知技术系统（人-机认知接口、“大脑-计算机”接口和“眼睛-大脑-计算机”接口、人形机器人和神经元机器人）中使用时，人工和混合智能系统十分需要大脑数字模型和模拟大脑工作；第四，为了进行后续研究和神经外科、神经生物学、认知心理学和神经人机工程学领域数据可视化，先期研究基金会正在准备实施与开发新技术和软件、硬件系统相关的项目。

（2）仿生学

仿生学是在模拟生物机体构造和生命活动原理的基础上来解决工程问题的科学。在设计装备时运用仿生学原理能解决新的军事和特种技术装备研制中的系统、技术和配置问题。

基金会在仿生学领域的主要活动方向与实现信息的获取、传递、处理和使用以及生物能量学、生物力学、生物感受作用、导航等问题联系在一起。所有这些方向的工作有一个共同的目标——揭示其技术实现的潜在原理和方法。预计，先期研究基金会仿生学领域各项目的实施将有助于获得关于鸟类和鱼类等空间定位，在各空间领域以最小的能耗获得最大移动速度、抗辐射作用，以及化学和生物性因素等机制的新试验数据，在力学感受和化学感受作用的基础上研制检测技术装置，以及演示型人造肌肉和感觉器官仿生系统。最大胆的项目可能与以仿生学原理为基础研制武器装备有关。

（3）未来医学

该研究方向的基本原理基于生物技术、纳米技术、新材料、人对极端因素的耐受力和抵抗力领域的科学发现。俄罗斯卫生部、联邦生物医学署和联邦科学组织局的主要科研机构的科研集体是该项目的协作单位。

目前基金会正处于寻找伙伴、理顺基金会和各科研中心之间多边联系的阶段。

（4）先进材料

研制未来武器要求采用具有独一无二性能的新材料。目前材料研发是国外的研究重点之一。同时，材料学往往与其他科研方向交叉。光子学、电子学、能源生产与传输、生物和生物合成材料、构造材料、高强度弹性材料和防冲击技术、生产技术——所有这些领域都能在与先进材料相关的研究中得到应用。

先期研究基金会许多与先进材料有关的项目已经处于实施阶段。例如，在与一些主导科研机构的合作下，基金会的研究人员开始与全俄航空材料研究院共同研制全套极耐热构造材料和保温材料及蒙皮。还已开始开发将植物原料加工成优质水解纤维素——包括均质火药生产在内的各种生产的基础——的热真空脉冲技术。

3.2.2　建立健全生物安全政策法规

2000 年以来，俄罗斯高度重视境内生物安全和境外生物因素威胁对国家安全的影响，相继出台了一系列有关生物安全的政策法规。除关注国内生物和化学技术研发并扩大投资外，拓展国际合作等方面也取得了显著成绩，逐步建立起国家生物安全保障体系。构建国家生物安全保障体系过程中，俄罗斯立法工作不断取得新进展。

3.2.2.1　法律基础奠定阶段

2003 年 12 月，俄罗斯总统普京批准《俄罗斯联邦 2010 年前及未来确保化学和生物安全的国家政策原则》。该政策明确提出，作为国家预防和消除紧急情况系统的重要组成部分，俄罗斯将创建国家化学和生物安全保障系统，对俄罗斯国家安全面临的化学和生物威胁进行分类、预测、预防和提出应对措施，从而消除因化学和生物因素泄漏所导致的紧急情况。

2005 年 2 月，俄罗斯成立政府生物和化学安全委员会。同年颁布《俄罗斯联邦行政机构确保俄罗斯生物和化学安全的权利划分条例》。该条例详细规定了俄罗斯联邦各部委和直属机构在维护国家生物和化学安全工作中的权利和义务。2006 年 3 月—2020 年 8 月，相关部门对条例进行了 10 余次修改和补充。2003 年和 2005 年出台的法规和条例奠定了俄罗斯生物安全立法的基础，关于权利和职责的明确划分也使俄罗斯国家生物安全保障体系初具形态。

3.2.2.2　法律体系形成阶段

2005 年颁布专项条例并成立专门机构后，俄罗斯行政体系内通过打造“1＋X”模式，建立起包括国家生物安全战略、组织领导和实施、技术规则等在内的较为完整的体系。

2008 年 10 月，俄罗斯批准《2009—2013 年俄罗斯联邦化学和生物安全国家体系》。这项在俄罗斯卫生与社会发展部和国防部积极参与下制订的计划，是俄罗斯八个部委未来五年的协调行动蓝图。计划首次系统提出俄罗斯生物安全的总体目标和具体任务。俄罗斯生物安全总体目标是将有害化学和生物因素对人类和环境的威胁降到可控水平。

具体任务包括三个方面：通过系统监测化学和生物危害，完善化学和生物安全领域法律法规及监督工作，阻断化学和生物感染源头；通过降低化学和生物危害的来源威胁，落实保护措施，切实减少潜在的化学和生物破坏；通过引入监测危险生物和化学环境的现代化手段，加强对人体健康和自然环境的保护，使其免受有害化学物质和生物制剂的负面影响，并降低其影响程度。

按照生物安全总体目标和具体任务的规定，俄罗斯提出将重点在五大领域开展工作：第一，全面分析化学和生物安全现状，协调联邦行政机构、地方政府、危险设施管理部门和经营组织之间的活动，制定俄罗斯化学和生物安全领域监督监管条例；第二，全面分析和评估俄罗斯现行化学和生物安全管理办法，为改进工作提供科学依据；第三，通过对化学设施、有潜在生物危害的工业设施进行现代化改造，减少化学和生物污染源对公共健康和环境的危害，实现俄罗斯材料和技术系统（设施）的生产专业化；第四，确保化学和生物安全领域科学技术和方法论的协调发展，综合研究防止危险化学品和生物物质泄漏的技术手段；第五，在全俄罗斯范围内提高公民的生物安全认知，为开展科普教育和培训提供物质与人员保障。

为确保国家生物和化学安全，2010 年 12 月 28 日俄罗斯《联邦法》第 3 条规定，俄罗斯将建立国家生物化学安全体系。建立该体系的主要目标是：第一，将现有生物安全威胁降低到可接受水平，并防止潜在威胁发生，提高俄罗斯化学和生物安全水平；第二，在可持续创新发展的基础上，对俄罗斯化学和生物技术综合体进行现代化改造，并实现其结构多样化；第三，制定化学和生物安全专项立法；第四，完善俄罗斯化学和生物安全国家管理机制等。

3.2.2.3　法律体系加快建设阶段

2013 年，《2025 年前及未来俄罗斯联邦化学和生物安全政策原则》总统令出台。该总统令重点关注国家生物安全监管措施，对安全监督管理、落实工作重点和生物安全执行机制建设等方面做出详细规定。此外，内容还涉及已有和新发现的生物威胁因素，例如植物卫生、兽医、流行病和传染病等。总统令提出应加强国家调控，并为防范发生大规模生物安全事件进行全方位准备。2015 年，俄罗斯批准通过《2015—2020 年俄罗斯联邦化学和生物安全体系建设专项计划》。与之前的规定相比，这一专项计划对引进和开发先进生物技术提出了新要求。特别是在治疗境内频发的大规模传染病方面，该计划提出应有重点地攻关治疗技术和手段，切实保障俄罗斯公民健康免受流行病和传染病困扰。

2017 年，由于美国在中亚地区建立多个生物实验室导致俄罗斯周边生物安全威胁逐渐增大，俄罗斯政府着手讨论并制定《生物安全法》和《生物收集法》。根据俄罗斯国家安全战略，截至 2020 年 1 月，俄罗斯国家安全优先事项为国防和公共安全。2020 年 1 月，俄罗斯国家杜马一审通过《俄罗斯生物安全法》草案，全文共 16 条，包括概念和术语解释、基本原则、权利义务、风险类型和预防监管措施、法律责任和其他事项六大部分。该法体系严密，内容几乎涵盖俄罗斯目前面临的所有主要生物安全问题。其主要特点表现在以下几个方面：对关键概念和术语的界定更加完善；坚持生物安全与化学安全相结合；有助于形成更高效的俄罗斯国家生物安全垂直管理体系。

3.2.3　全面推动生物技术发展战略

2005 年 10 月 29 日，俄罗斯科学院新闻中心宣布，第三届俄罗斯生物技术会议，通过了《2006 年—2015 年俄罗斯生物技术发展计划》（草案）。实施该计划的目的是促进俄罗斯生物技术的发展，生产俄罗斯自己的生物技术产品，减少俄罗斯对生物技术产品的进口，为居民提供安全、有质量保障的生物技术食品。

计划包括国家生物技术优先发展项目、联邦项目、地区项目和专项计划四大部分。国家生物技术优先发展项目包括微生物组织标本的保存，在生物乙醇、生物柴油、生物气体基础上生产替代燃料，化工再生原料，开发环保性生物耕地等与国家安全有关的项目。联邦项目包含后染色体技术工艺、生物信息和纳米技术等10个优先发展项目，还包括建立基因护照的人类基因计划，生物多样性、生物安全和生物催化计划，生物医学、发展干细胞技术、新一代疫苗，生物芯片、发展转基因动植物技术等农业生物技术等项目。未来10年计划的实施，将能大大促进俄罗斯生物技术的发展，提高俄罗斯生物技术产品的竞争力。

2012年4月24日，俄总理普京签署通过了《俄罗斯联邦至2020年生物技术发展综合计划》。该文件包括：论述制定计划必要性、计划的目的和任务、支持生物技术发展的主要手段、发展生物技术的重点、计划实施管理等五大部分及附件。实施计划的其中一个目的，就是要让俄罗斯在生物技术领域成为世界佼佼者，建立起具有全球竞争力的生物经济板块，让生物技术跟纳米工业、信息技术一起成为俄罗斯经济现代化的基石。

2014年年底，俄罗斯开始启动“国家技术计划”，旨在发展未来15～20年有望决定世界经济和俄罗斯经济的具有广阔前景的新兴高技术市场，其中生物技术占据很大比重。2015年俄罗斯公布“国家技术计划”首批四个领域的市场网络发展路线图，涉及神经、航空、汽车和海洋等多个领域。其中神经技术领域主要发展神经接口与技术，由国防部系统主导并制定规划，并将可能的生物技术深入应用到军事医学实践中，从而进一步转化成满足军方需求的产品与服务。

2018年2月，俄罗斯政府出台了《2018—2020年生物技术和基因工程发展措施计划》（即《路线图》），旨在扩大国内需求，推动生物技术产品开发和出口，并构建制度条件，通过大规模应用新型生物技术解决方案和产品实现工业技术基础现代化。《路线图》确定了九大优先领域的具体措施，涉及发展生产潜力和生产合作、发展基础设施、生物医学和生物制药、农业生物技术、工业生物技术、生物能源、林业生物技术、生态生物技术和基因工程。

2018—2020 年，俄罗斯将从参与国际合作、完善相关法律法规及国家标准、进一步支持私营企业发展等方面，推动生物技术及基因工程的发展。《路线图》提出，到 2020 年，俄罗斯工业生物技术产品产值可达到 148 亿卢布；拥有生产生物医学细胞产品许可的大规模应用生物医学产品开发和临床前研究的生产中心可达到 2 家；大规模应用生物医学细胞产品开发和临床前研究的生产中心可达到 2 家；获准进行生物医学细胞产品临床试验的医疗机构可达到 50 家；用于农产品加工的生物技术可增加至 13 种；用于监测和分析森林资源遗传多样性、森林病理和森林繁殖情况的 DNA 数量可达到 7 万个。

3.3　欧洲国家军用生物发展举措

欧盟同样对生物技术寄予厚望，各国政府也制定了军用生物技术相关研究计划，支持相关技术和项目研发。欧盟在"地平线 2020 计划"框架下针对生物电子技术和产品等主题部署研究项目，将微生物传感器平台、纳米生物芯片开发等列为优先发展事项。英国成立生物技术和生物科学研究理事会，2017 年宣布投入 4.24 亿美元支持未来 5 年生物技术发展。在欧盟（EU）第六个科研计划框架中，把"生命科学、有利于人类健康的基因组技术和生物技术"确定为 7 个优先发展领域之一，并放在了首要的位置上。2002 年，欧洲发表了一份题为《生命科学与生物技术：欧洲的发展战略》的研究报告。该报告包括一项推荐给各成员国、地方当局、产业界和股票持有者们的行动计划。

2015 年，欧洲工业生物技术研究与创新平台中心公布旨在研究解决阻碍欧洲工业生物技术发展创新问题的《推动生物经济——面向欧洲不断繁荣的工业生物技术产业路线图》最终版。路线图指出，欧洲工业生物技术产业产值将从 2013 年的 280 亿欧元增至 2030 年的 500 亿欧元，年增长率达 7%。路线图揭示了欧洲工业生物技术面临的四类挑战，包括原材料供应、生产、市场、创新系统，并提出使欧洲在 2030 年成为工业生物技术领域世界领先地区的十大行动建议及具体子建议。其中包括：改进原料生产者的发展机遇；确定新型生物质范围；培养可维持欧洲工业生物技术竞争力的人才队伍；实施可促进生物经济发展的长期、稳定、透明的政策框架和激励方案；改进公众对工业生物技术和生物基产品的公众认知；充分利用和建设欧洲试验性、示范性工业生物技术设施；推进副产品的开发；改进工艺技术方面的生物转换和下游处理步骤；改进大型生物炼制项目的投融资；与产业价值链中的传统、非传统从业机构一起建立更牢固的合作关系。同时，路线图还明确了主要研发方向：先进生物燃料；生物基化学原料；生物基塑料；发酵来源的生物表面活性剂；通过工业生物技术途径，将化石燃料作为工业生物技术的原料。

3.3.1 英国

3.3.1.1 组织机构

英国已于1997年成立了由生物技术、医学等多学科专家组成的研究小组，致力于发现和保护本种族特异性和易感性基因，铸造维护本国和本民族生存安全的基因盾牌，有效地防患于未然。

英国政府相继设立了“生物技术协调指导委员会”（1981年设立，负责领导全国生物技术的发展，采取措施促进工业界、大学和科研院所加大对生物技术开发研究的投资）、“生物技术及生物科学研究理事会”“医学研究理事会”“贸工部”的生物技术处等专管部门。现已有25个由科研机构与企业共同合作进行有关生物技术研究的联系计划（LINK），获研究经费1.3亿英镑。75个以上新生物技术公司得到中小企业奖励计划（SMART）的资助。

2001年7月，英国防部对国防鉴定与研究局进行私有化改革。改革后的国防鉴定与研究局分为2个新的机构：国防科学与技术研究院（DSTL）和奎奈蒂克（QineitQ）公司。国防科学与技术研究院保留了原国防鉴定与研究局1/4的人员（约3000人），作为国防部的一个业务局，主要从事化学、生物等关键领域的科研工作，向国防部提供客观公正、高水平的国防和科学建议，并负责管理国际科技合作。国防鉴定与研究局其他的3/4的人员（约9000人）归属奎奈蒂克公司。奎奈蒂克公司通过商业化的经营管理，参与国内和国际科研领域的市场竞争，提高英国防科技水平和经济效益。

2003年，英国生物技术产业协会（BIA），设立了独立于政府的英国生物技术创新与发展工作组（BIGT），旨在为英国的生物技术产业制定面向未来的发展战略。此外，各国政府在制定国家战略的同时，优先将国防战略放在重点考虑的地位，并积极围绕新兴生物技术制定国防战略。

3.3.1.2　战略规划

2000 年英国政府发表《生物技术制胜——2005 年的预案和展望》战略报告，主要通过了促进生物技术产业与科研机构合作的链接计划。2003 年英国生物技术和生物科学委员会（BBSRC）和英国医学研究委员会（MRC）两大机构分别发表了《预见生物学发展——10 年展望》和《未来展望》，就生物技术的未来发展方向进行阐述。2008 年，英国宣布斥资 5 亿英镑，在 2013 年年底前创建英国医学研究与创新中心（UKCMRI），以进一步增强英国在医学研究方面的优势地位，试图通过制定战略规划努力将英国打造成为欧洲生物科技和产业中心，并将生物技术领域最新的研究成果应用到军事领域。

同时，英国为进一步鼓励风险投资，政府将对小型高技术企业的投资减免 20％的公司税。小公司的职员可以用税前工资购买公司的股权，政府还将考虑简化对知识产权的税收管理。英国政府还将引入针对中小企业（年研究开发投入超过 5 万英镑）的研究开发税务信贷，这些企业可以享受 150％的研究开发费用免税。这一新政策同样适用于尚未盈利的高技术企业。对于那些研究开发投入很大且又没有盈利的新企业，研究开发投入的 80％作为信贷累积，一旦企业盈利再从利润中扣除，减免税收。

3.3.2　法国

1999 年 1 月，法国政府制定了《技术创新与科研法（草案）》，通过立法来促进科研人员与企业合作，提倡创办生物技术等高新技术企业，并通过提供资金和减税等政策鼓励创新活动。该法标志着法国政府促进高新技术产业发展与技术创新的努力在法律、机制和税收三方面取得了重大突破。

2000 年，政府对生物技术研究开发的总投入为 2.15 亿法郎，2001 年的总投入为 2.5 亿法郎。2001 年法国政府正式公布《2002 年生物技术发展计划》，决定使生物技术创新企业得到至少 5 亿欧元的资助。

2003 年法国政府启动了一项名为“人类健康治疗改革和诊断研究”的重要计划，旨在发现遗传性或非遗传性疾病，包括一些罕见疾病。法国政府关注的重要领域之一是基因组学研究。经济合作与发展组织（OECD）2003 年数据统计显示，自 2000 年 6 月基因组（Genomme）网络创建以来，政府每年投入 2 500 万～3 000 万欧元支持 30～40 个项目；2000 年政府投入到生物技术产业的经费在研发的开支比例估计占生物技术总研发费用的 5%，主要集中在医学或与医药相关的领域。根据 2002 年生物技术调查结果，大约 12.5 万人从事生物技术研发，其中 1/4 在雇员少于 500 人的企业中工作；法国的 300 多家生物技术企业中的 2/3 涉及健康领域，还有更多的生物技术企业涉及农业食品和环境领域。

2004 年，法国启动新的生物技术研究项目，一是针对生活的生命科学研究；二是基因组学，短期内的重点是生物信息支撑系统和由基因组学（主要是基因测序）提供的数据的开发利用；三是扩大对癌症的研究，涉及生物学上游领域的研究、临床研究和人文社会科学方面相关的研究；四是传染疾病；五是再现生理学的核心作用，研究活动围绕生理学、发育生物学和神经科学的某些部分进行。

3.3.3 德国

德国政府将生物技术列为“重要技术”，其目标是在环境、健康、营养、能量和原材料等方面促进基础研究和高水平研究，改善研究基础设施。在德国联邦政府的鼓励和扶持下，近年来，德国的生物技术产业取得了长足发展，呈现出积极增长的态势。

2001 年，德国生物技术行业用于研究开发的费用首次突破了 10 亿欧元，达 12.3 亿欧元，生物技术企业的销售额高达 10.5 亿欧元，增加了 33%，创历史新高，不但加强了德国作为欧洲生物技术研究开发中心之一的地位，还拉近了与处于世界领先水平的美国同行的距离。德国政府认识到，生物科技将是保持德国未来经济竞争力的关键，并将英国作为自己的赶超对象。通过立法，简化生物技术企业的审批手续，强化生物技术发展和产业化进程；为了鼓励科学家加入生物科技企业，政府还立法规定允许他们带走在研究机构取得的知识产权。2001 年以来，德国政府先后推出“生物世界”等计划，投资 8.6 亿欧元，进一步开发生物信息、蛋白质组研究和系统生物学等平台技术。此外，联邦政府将拿出 1.8 亿欧元，用于建设“国家人类基因组研究网络”。

德国海德堡大学在一个 8 英寸（1 英寸＝0.025 4 米）硅片上集成了 20 万神经元和 5 000 万突触，采用这种神经形态处理器的计算机已经成功运行，功能比 IBM 公司的“真北”神经形态芯片更接近生物神经元。德国伯恩斯坦计算神经科学中心利用组织切片方法以及恢复神经元形态的特殊技术，鉴别出了 15 种抑制性神经元，并对神经元间的电生理特性进行描述，绘制出其连接图谱，阐明神经元连接机制。

3.3.4　瑞士

瑞士许多学术团体都在努力发展生物技术的研究与开发，以及从科研到工业化技术的转化，瑞士工程科学院（SATW）设立了大学奖学金和组织会议的费用。瑞士生物研究与技术交叉学术委员会（SKBS）负责生物技术的科学与技术方面的工作，协调有关活动及担任联邦政府和州的顾问，还负责生物技术的科学与技术工业化和产品生产，并咨询工业企业管理方面的需求。瑞士洛桑联邦理工大学发起的“蓝脑计划”（BBP）专注于极为精细的微观神经元及其微环路建模，目前已较为完整地完成了特定脑区内皮质柱的计算模拟，构建一种新型的虚拟大脑薄片结构，可反映大脑区域中不同类型的神经元以及控制神经元激活的关键特性，探索人类大脑疾病机理及治疗方法。

3.3.5　奥地利

奥地利维也纳医科大学使用一种新抗体 5G4，证明帕金森症在人的大脑细胞间传播，这是在人类中首次观察到这一机制，具有重大临床实践意义。

3.4 日本军用生物技术发展举措

3.4.1 注重顶层设计，优化生物技术发展战略

日本政府将生物技术作为重点领域，根据不同时期的发展需求制定相应的战略政策，同时辅以专项计划来实现对生物技术产业的持续稳定投入。自1971年以来，日本政府在制定科技政策与规划时均将生物技术作为重点推进领域。一系列政策与规划的实施，促进了日本生物技术产业的创新发展。1981年通产省将生物技术列入科学研究的战略领域，并制定了生物技术10年规划。1986年，科学技术厅制定了生物材料研究计划，用以指导精细生物材料的研究与开发。1987年，科学技术厅主持制定了生物芯片计划。1991年，科学技术厅、通产省、农林水产省和厚生省宣布开始执行跨度达10年的糖工程研究计划。

2001年，日本经济产业省启动产业集群计划，促进了一系列生物技术产业园区的快速发展。2002年，由前首相小泉纯一郎倡导，内阁会议讨论了日本第5次生物技术战略，通过了《国家生物技术战略方针》，提出日本生物技术的发展目标，针对生物技术产业化和实用化中需要解决的问题，制定了行动指南、行动计划。对如何推进今后5年生物技术研发提出了具体对策。2004年，科技厅、文部省、厚生省、农林省和通产省五省厅公布了“创立生物技术产业基本战略”，决定以生物染色体研究为突破口，加强联合攻关，大力促进生物技术的产业化，确定的目标是，到2010年，市场规模达到25万亿日元，新创立生物技术企业1 000家。为了进一步加大生物产业的推动力度，日本生物产业协会将2009年作为“生物产业再生元年”。

日本《第二期科学技术基本计划（2001—2005）》将生命科学确定为研发的重点领域之一。日本《第三期科学技术基本计划（2006—2010）》提出了“世界顶级研究基地形成促进计划”。2007年，日本发布《创新25战略》，实施并将建成多个生物技术世界顶级国际研究基地。日本《第四期科学技术基本计划（2011—2015）》重点突出将包含转基因生物技术等在内的技术领域确定

为研发方向。日本《第五期科学技术基本计划（2016—2020）》围绕生物技术等能够创造新价值的核心优势技术，设定了富有挑战性的中长期发展目标并投入了巨额的资金，有效促进了生物技术基础研究的发展。2019年，日本发布《集成创新战略2019》，并在附件中正式推出《生物战略2019》，再次确认生物技术的战略地位，强调“力争通过发挥日本的工业制造优势并融合IT技术，为开拓和扩大市场、解决社会问题及实现可持续发展目标等做贡献”。表3-2为日本生物技术产业领域主要政策规划。

表3-2　日本生物技术产业领域主要政策规划

时间	政策规划
1986年	生物材料的研究计划
1987年	生物芯片计划
1997年	脑科学研究计划
1997年	生命科学研究开发基本计划
2000年	新纪元高技术开发计划
2002年	生物产业立国的国家战略
2007年	创新25战略
1996—2000年	第一期科学技术基本计划
2001—2005年	第二期科学技术基本计划
2006—2010年	第三期科学技术基本计划
2007年	世界顶级研究基地形成促进计划
2011—2015年	第四期科学技术基本计划
2016—2020年	第五期科学技术基本计划
2019年	《集成创新战略2019》附件:《生物战略2019》

3.4.2　加强“官产学”结合，促进科技与产业共同发展

日本政府倡导和推进“官产学”（政府研究机构、民间企业、大学）合作和交流，先后制定了《研究交流促进法》、前沿研究、省际基本研究和地域流动研究制度、与民间企业共同研究、受托研究、受托研究员等制度、产业研发促进计划、风险企业实验室计划、面向未来的研究计划等以促进科学研究和成果的迅速转化。据日本生物技术产业协会（JBA）资料显示，“官民合作”是

日本生物技术企业的主要形式，在共同推进生物技术发展及其产业化的过程中起到了很好的作用。一方面，日本科研经费投入的80%以上来自民间企业，科研人员的65%以上也在民间企业，企业为生物技术的发展起着支撑作用。另一方面，生物技术产业化又是企业发展的原动力，合作发展是必然选择。

3.4.3　注重统筹协调，加强国际合作

日本注重生物技术与产业的统筹协调。例如，由全国70多家大企业、50家公司和20家大型设备制造厂联合组成了生命科学委员会，目的就是减少研究上的重复，避免经济与时间上的浪费。日本已形成医工学科强强联合的合作研究体制。医工联合的产业技术合作也已正式启动。如：京都大学与日本IBM公司、日本新药公司等共同开发了利用计算机技术对药剂效果进行预测的新技术，目前已投入使用。同时，日本也不断强化生物技术领域的国际合作，与中国、美国、英国、德国、法国等国合作完成人类基因组测序，并与中国、德国联合完成了黑猩猩第22号染色体的基因测序工作。此外，农林水产省还参与国际水稻基因组测序计划，解析了3.2万个基因的碱基对，积累了大量关于遗传基因功能解析研究的资料和数据。

3.4.4　改革成果转化体制，鼓励创办创新企业

为加速科技成果转化，促进生物产业发展，2003年年末，日本政府颁布了一系列政策，鼓励大学创办新公司。2004年，政府对大学及研究机构进行全面改革，促成国立大学进行重组并成立独立的公司，同时大幅度削减了85个研究所的基金支持，目的就是加强大学和研究所的独立性，提高其商业化运作能力。此外，日本还对专利所有权进行了改革。过去专利只属于有发明成果的教授个人，改革之后，专利归大学所有。专利所有权的变化大大提高了大学将生物技术科研成果转化为商业产品的积极性和主动性。

3.4.5　改革金融市场，促进生物企业上市融资

上市交易是生物企业成长、壮大的一个重要环节。然而，日本企业上市较

难，公布的最低条件是净资产达2亿日元，实际上市要求更高。此规定无疑将最需要启动资金的创业企业排除在市场之外。为便于高风险、高收益特性的生物技术创业企业上市，日本于1995年开始施行柜台登记特股种制度。此制度通过测算企业研发经费占销售额的比例来评估上市条件，从而避开利益额度的限制。另外，还调整了股份公开价格的评估方式。经过政府一系列政策的推动，生物风险企业2001年的投资额猛增到540多亿日元，日本的生物风险公司从1995年的60家左右上升到2002年年底的334家。

3.4.6　修订和完善法律法规，为企业发展提供更多机会

2006年5月，日本政府开始修订《日本商业法》，该修订版允许兼并方使用现金和母公司股份，克服了此前只许使用认购公司股份的限制，从而鼓励生物技术企业之间的并购，促进其迅速成长和壮大。重新修订《药物事务法》(Pharmaceutical Affairs Law，PAL)，为外国企业在日本发展提供了更多的机会，修订后的《药物事务法》于2005年4月生效，简化了外企药物生产和进口的审批过程，生产证和市场证合并为一证，有利于外企所属生产商和风险公司降低成本，提高效率。此外，日本在知识产权法上也做了修订和完善，扩大了保护范围，2006年9月美国将其专利授权系统由第一发明系统改为第一应用系统，从此，美国、欧盟、日本都采用第一应用系统进行专利授权，加速了知识产权保护步伐。

3.4.7　推行“技术预见”，确定重点研究领域

技术预见是对未来较长时期科学、技术、经济和社会发展的系统研究，其目标是确定具有战略性的研究领域，从而选择对经济和社会发展具有最大贡献的通用技术。日本自1971年以来，每隔5年进行1次技术预见活动，由日本科技厅下属的科技政策研究所主持实施。参与者以各领域的专家为主，还有部分企业界人士、决策者以及一些新闻记者等，负责各个尖端科技项目未来发展方向的评估，并开始制定和实施预见计划。生物技术领域的相关产业是当今世界快速发展的热门产业，具有高投入、长周期、产出不确定等特点。通过技术

预见，有效地对其进行评估，有利于确定重点资助项目，合理利用资源，有效规避风险。

3.4.8 加大生物技术产业研发投入

日本对生物技术研究开发的重视集中体现在研究预算的增加上。1990 年日本生物技术研发经费为 2 900 亿日元（其中研究经费为 900 亿日元）。1996 年度（1996 年 4 月 1 日—1997 年 3 月 31 日）日本生物技术研究预算达 2050 亿日元，比 1995 年度增长 11.6%，是继 1993 年度增长 16%之后增长最高的年份（1994、1995 年度分别增长 6%和 3%）。与 1996 年科技总预算增长 6.9%相比，高 4.7 个百分点。1996 年度与 1990 年度相比，生物技术研究开发预算增长 58.7%，年均增长 8%，高于科技总预算年均增长 5.7%的速度。1997 年度各省厅提出的生物技术研究开发预算要求额为 2 508 亿日元，比 1996 年度实际预算增加 21.9%，在环境保护、原子能、生命科学、海洋开发、宇宙等领域中是增长最多的，亦大大高于当年科技预算要求额增长率 9.9%。

1998 年以来，日本对科技研发的投入占 GDP 的比例保持在 3%以上。生物技术领域作为日本科研的重要资助领域，在 2001—2017 年间，其研发投入一直稳定在 3 万亿日元左右，约占总研发投入的 16%。这些研发投入主要来自民间投入和政府资助，此外，还有少量来自海外投资。随着《第五期科学技术基本计划（2016—2020）》的发布，日本对生物技术领域的发展高度重视，其健康医疗战略围绕“实现领先国际的健康长寿社会”的战略目标先后设立了 9 个科技项目，并针对日本人口老龄化的问题重点部署了一批生物技术领域重大课题，总投入约 2 000 亿日元。

2007 年日本政府的生物技术研发预算达 2 541 亿日元，2008 年增加到 3 025 亿日元，其中，文部科学省的预算额达到 637.2 亿日元，农林水产省达到 377.74 亿日元，环境省达到 169.61 亿日元。2009 年各部门的预算持续增高，总预算增加到 3 565 亿日元。另外，日本政府对在国际上有优势的生物技术领域设立专项计划，各相关部门联合支持，使资源有效集成，加速优势领域发展，催生具有国际竞争力的生物技术和产业。如京都大学再生医学研究所在干细胞研究领域处于世界前列，该所山中伸尔教授首次由鼷鼠体细胞成功制备诱导多功能细胞。文部省、经产省和厚生省都给予大力支持，文部省还设立了干细胞研究专项。

日本总务省统计局发布的《2018 年科学技术研究调查报告》显示，2017 年日本的生物技术产业领域从业者约 152 万人，构成了日本生物技术产业强大的研发动力。截至 2021 年，日本获得诺贝尔生理或医学奖的顶尖学者共 5 人，在日本的生物技术产业前沿研究中起到了巨大的推动作用。

3.4.9　调整产业结构，适应生物技术发展

日本拥有很多成熟的生物技术及产业机构和组织，早在 1973 年，就成立了生命科学发展促进办公室，专门负责生物产业的发展。1981 年通产省成立了生物技术联合会，分为基因工程、生物反应器、大量细胞培养等三个组。1982 年，日本国际贸易与产业部成立了生物产业办公室，负责化学、生物学方面的工作。同年这个办公室建立了一个新的产业协会——生物产业发展中心，负责收集生物产业方面的信息，方便无产权的信息在公司之间传播，以及协调政府机关部门间的信息互享。1988 年成立科技政策研究院，负责政策分析、战略建议和计划评估。日本在 2002 年成立了以时任首相小泉为主席的生物技术战略委员会，委员会成员来自政府内阁、生物产业界和学术界。日本多个部门都和生物技术相关，其中比较有名的是文部省、厚生省、农林水产省、通商产业省、环境省、经产省等。另外，日本外贸组织（JETRO）在推动日本生物技术及产业过程中发挥着重要的作用。

第 4 章　国外军用生物技术发展现状

世界主要军事强国均在大力推进以生物制造、生物电子、脑科学、生物能源、仿生技术、人体增强、生物战剂等为重点的军用生物技术研究。美国国防部、各军兵种、DARPA 等已经制定了一系列军用生物方面的发展战略和规划，部署了大量军用生物创新项目，当前已在生物电子材料、生物传感器、生物存储与计算、脑机接口、生物燃料电池等领域取得突破性进展，形成一大批具有重大军事应用前景的产品，如 DNA 芯片、人工突触、生物红外传感器、脑机接口、新型生物燃料电池等。

4.1　生物制造技术

4.1.1　发展现状

4.1.1.1　生物制造技术的内涵不断扩展

生物制造的概念最早由“21 世纪制造业挑战展望委员会”主席波林格（Bollinger）博士在 1998 年提出。2003 年美国能源部桑迪亚国家实验室发布《生物制造技术发展综述》，报告指出，生物制造最基本的定义是采用生物体来制造一种产品。但这个定义过于普通或广泛，难以指导实际应用，也排除了生物检测和仿生等一些关键学科。因此将生物制造的定义修订为：采用生物体或部分生物体以一种非自然的方式生产产品的制造方法，以及用于制造新的介质（或对象）的相关生物体检测、修改、维护和研究的方法。

随着相关学科领域的不断发展、技术的完善、学科间的不断相互交叉融合，人们对生物制造的认识逐步深入，对其概念也逐渐达成较为一致的认识。从狭义上来讲，生物制造是指运用现代制造科学和生命科学的原理和方法，通过单个细胞或细胞团簇的直接和间接受控组装，完成具有新陈代谢特征的生命体成型和制造的技术。从广义上来讲，仿生制造、生物质和生物体制造及涉及生物学和医学的制造科学和技术均视为生物制造。

4.1.1.2　美欧高度重视发展生物制造，将其提升至新的战略高度

在国家层面，美欧多次将生物制造列为优先发展领域，持续加大研发投入。早在 1998 年美国国家学术出版社出版的《2020 年制造业挑战和展望》中，生物制造就被列为 11 个主攻方向之一。进入 21 世纪以来，尤其是近 5 年来，美国政府对生物制造技术发展给予更加密切的关注。2012 年 2 月，美国发布题为《国家先进制造战略规划》，提出扩大对先进制造研发的投资，其中就包括增加 8600 万美元用于支持国家标准与技术研究所（NIST）在生物制造、纳米制造等领域的研究。2012 年 4 月，奥巴马政府发布《国家生物经济蓝图》，提出采取切实行动促进生物技术研究创新，以应对健康、食品、能源和环境挑战。2012 年 7 月，美国总统科技咨询委发布题为《赢得本国先进制造竞争优势》的报告，提出要增加前沿技术研发投资，将包括生物制造在内的 11 个前沿技术领域作为首批优先发展技术。报告认为，“生物制造技术在提高制造过程中的能源效率方面具有自身固有的潜力，比如可通过常温合成方法取代现有高温制造过程，可采用自组装的生物注入制造来简化复杂、昂贵的纳米制造技术”。

2016 年 4 月，美国国家科学技术委员会先进制造分会发布题为《先进制造：联邦政府优先技术领域速览》的报告，指出 5 个应优先考虑的先进制造技术新兴领域，其中 4 个属于生物制造领域，分别是：推动生物制造发展的工程生物学、再生医学生物制造、先进生物产品制造、药品连续生产。欧盟也非常重视发展生物制造。欧盟 2012 年 2 月发布《创新可持续发展：欧洲生物经济》战略，提出增加研发投入和开发生物基产品市场等内容。2013 年，欧盟地平线 2020 战略资助制定的《未来工厂（FoF）2014—2020 路线图》中，生物材料和细胞产品制造、自然结构仿生制造等被列为研究与创新重点，以应对未来产品制造效率和可持续发展方面的挑战。

在国防领域，生物制造同样被视为技术研发创新的重点。作为美国国防领域的创新标兵，国防预先研究计划局（DARPA）在投资约 10 亿美元实施的

"自适应制造（AM）"计划中，将生物系统作为与材料和结构、组件、武器系统等并列的四个投资领域之一。该计划已完成"生命铸造厂""蓝色天使H1疫苗加速生产"等项目，可将烟草植物转化成可重构的生物反应器，用于疫苗质量蛋白质的可移动、自适应、超快速生产，研发的可升级生物学工程构架与技术能够简化生物学复杂性，解决生物制造技术开发周期长（7年或更长）、成本高（0.5～5亿美元）、制品相对简单等问题。2016年5月，美国国防部聚焦生物制造，牵头组建第七个国家制造创新机构"先进组织生物制造"（ATB-MII），目标是通过优化集成试验技术、降低获得新发明的门槛、鼓励在多个生物技术产业中植入颠覆性技术，提升美国在先进组织生物制造领域的竞争力。目前确定的4大重点研究领域包括：细胞和材料选择及采购、生物制造平台、工艺设计与自动化、组织整理和检测技术。

4.1.1.3 生物成型技术取得多项突破，军事应用前景可期

生物成型技术在复杂精密结构制造方面展现潜力。将不同生物体直接用于复杂、精密、微细结构的成型制造是当前生物制造的重点研究方向之一，发展较快。2016年，欧洲研究机构采用新的变异氧化亚铁硫杆菌菌株，使得微电极电路表面铜的生物加工速率提高50%以上。美国海军研究实验室通过脂质微管（直径500纳米）镀镍实验研究，包括菌体化学镀镍、蜡状芽孢杆菌的磁性金属化、菌体的磁场排序等，成功制备出隐身功能涂层，所得隐身涂层比重较轻、吸收频带较宽，在隐身领域有很好的应用前景。

德国德累斯顿工业大学成功实现人工蛋白质微丝（直径50纳米）镀镍。美国佐治亚工业大学用硅藻作为模具，在聚合物材料上复制了硅藻的形貌用于多级孔制造。奥地利 Bodenkultur Wien 大学利用古细菌外层蛋白质结晶的纳米孔阵列作为模具，采用化学沉积工艺制造出纳米磁性颗粒阵列用于纳米记录。

3D打印与生物制造技术融合加速，为解决生物仿生结构制造难题提供有效途径。随着3D打印技术发展日趋成熟，利用该技术在生物仿生制造领域进行的探索和应用也越来越多。尤其是许多仿生结构和生物组织采用传统方法很难制造，3D打印适于制造复杂结构的特点为解决这一问题提供了有效的技术

途径，并且 3D 打印技术的引入能够更好地满足用户的个性化需求。

在仿生结构 3D 打印方面，麻省理工学院通过 3D 打印技术制成能够精确控制其内部结构的仿海螺壳的抗冲击材料，防裂纹扩展性能是最强基材的 1.85 倍，是传统纤维复合材料的 1.7 倍，非常适合用于制备抗冲击防护头盔或人体装甲，为大幅提升人体防护装置性能提供重要启发；BAE 系统公司基于游隼生理机能开发出 3D 打印的聚合物“传感羽毛”，这些“羽毛”细丝像飞机机体上的传感器一样，可在飞机出现失速危险时预警，另外，通过在机体表面密集安装被动式聚合物长丝还可改变靠近飞机表面的气流，有效减小机翼遇到的阻力，使飞行速度更快。明尼苏达大学利用 3D 打印制造“仿生皮肤”可使机器人拥有触觉，用于探测爆炸物的可穿戴设备的制造。

在生物 3D 打印方面，“美国制造”创新机构正在加强 3D 打印活细胞技术研究，该技术通过综合性的修复和更换细胞和组织来制造新的皮肤或关键性器官，可挽救战场上的伤兵。美国陆军正在对再生医学和 3D 生物打印技术进行投资，目标是使用 3D 生物打印机直接在受伤士兵的皮肤上打印皮肤细胞，帮助其修复战争创伤。

4.1.2　最新动向

随着生命科学和新兴技术的进步，生物制造的理论方法和相关技术将不断完善，进一步扩展传统制造领域的边界，推动生物制造技术的快速发展。未来生物制造必将成为军工制造技术创新研发、提升军工制造能力的重要突破口，在特殊结构材料、微纳复杂结构、功能界面制造以及生物 3D 打印等方面获得广泛应用。

2021 年，在 DARPA“工程活体材料”项目前期研究基础上，美国空军、海军陆战队与 DARPA 合作，生物水泥研发试验取得重要进展。该生物水泥技术只需将生物细菌播种于当地土壤或石块骨料中，利用装有营养剂的喷雾器喷洒喂养，3 天内就可胶结成坚固的生物水泥机场，具有工程建设周期短、成本低、隐蔽性高、可自修复等优点。该项目在 3 月完成倾转旋翼机 CV－22 停机坪建设试验，8 月完成直升机 MH－60 停机坪建设，9 月完成 C－17 战略运输机机场建设，相关性能达到飞机起降要求。未来作战中，美军可利用生物水泥技术在亚太地区快速、隐蔽、经济地建设并维持一个简易机场群，支撑空中力量实现分布式敏捷作战；可依托前沿简易机场，利用战略战术运输机快速投送陆基远程精确打击武器，突袭对手纵深战略目标和海上舰船等。

2021 年，DARPA 生命铸造厂项目可生产超过 1630 种复杂稀缺的高性能分子和材料，成果已向各军种转化。项目主要利用合成生物学实现超常材料的设计和制造，开发了多功能生物合成平台，生物合成设计时间缩至 1 天，生物制品生产提速 7.5 倍，可生产低成本的耐高温涂料以及喷气式飞机和导弹燃料等超常材料。

DARPA 与海军空战中心武器部合作开发了生产高性能化学品和材料的工具，将前体分子转化为高能量密度燃料、高能材料、热稳定聚合物和高性能复合材料；与陆军化生中心合作开发可抵御化生制剂的过滤器、织物和去污湿巾等产品；与空军研究实验室合作开发生物衍生分子激光护眼罩；与空军航空系统局合作测试军机生物合成燃料；与陆军研究实验室合作研发车辆装甲黏合剂等材料。美军正聚焦食品、高性能材料、润滑剂等后勤保障物资的快速按需生产，一旦研发成功将大大降低后勤保障需求，支撑敏捷作战。

2022 年 9 月，国防部部长劳埃德·奥斯汀三世和副部长凯瑟琳·希克斯频繁会见生物制造、航空航天等关键行业的高管，传达国防部的优先事项，了解更多关于行业计划的信息，并讨论了国防工业基础问题。9 月，在白宫生物技术和生物制造峰会上，希克斯肯定了生物技术和生物制造技术为国防带来的变革潜力，并承诺未来 5 年内，国防部将投入 15 亿美元，用于提升美国的生物技术创新和制造能力，以加强美国的国防供应链。希克斯还表示，国防高级研究计划局正在努力研发一种基于藻类的物质，该物质只需洒在泥土上便可在短时间内长出足以安全起飞和降落直升机的着陆垫，这将有力支持海军陆战队在岛屿进行作战。同时，生物制造技术可颠覆现有机械制造技术，生物制造的传感器比机械制造的传感器更小、更轻、更高效、更便宜。

4.2　生物电子技术

4.2.1　发展现状

4.2.1.1　竞相制定生物电子技术发展战略和规划，成立专门组织管理机构

世界主要军事强国高度重视发展生物电子相关技术，成立相关组织管理机构，制定发展战略，设立重大发展规划，从国家层面推动生物电子技术快速发展，抢占未来军事革命的战略制高点。

4.2.1.2　美国将生物电子技术列入国家顶层布局

特朗普政府制定的首份《国防战略》将生物技术列为确保美国打赢未来战争的重要技术。2017 年以来，特朗普政府宣布将制定新的国家生物防御战略，研究生物材料、生物芯片、生物计算机对美国未来国家安全的潜在影响。美国国防部将军用生物电子相关技术列为美军重点资助和发展的八大领域之一，成立生物技术高性能计算软件开发研究所，明确突出国防生物和电子信息技术的融合趋势。美国陆、海、空三军在《陆军科学规划与战略报告》《海军科技战略规划》《空军科技战略》等规划战略中均将生物电子技术列为投资重点。DARPA 在 2015 年发布的战略主导文件《保障国家安全的突破性技术》中将生物技术列为未来四大重点研究领域之一。DARPA 近年在生物领域投资已超过 40 亿美元，占总投资比重超过 8.9%。

4.2.1.3　俄罗斯制定国家生物电子技术发展战略

俄罗斯仿照 DARPA 成立的先期研究基金会将生物化学和医学技术列为重点研究领域，重点进行生物燃料、生物医药、纳米生物计算、认知技术等研究，探索新型军事装备和武器的潜在动力供应方法，以及实施武器、特种装备和部件制造辅助技术工艺的发展项目。

4.2.1.4　利用 DNA、聚合物等分子技术发展数据存储能力

美国情报高级研究计划局（IARPA）于 2018 年 5 月发布“分子信息存储”

项目，项目寻求开发一种将数据写入聚合物的桌面设备，以及一种可读取存储信息的桌面设备，依靠聚合物零误差、存储效率高的特点，推动生物存储技术研究。DARPA 于 2017 年 4 月发布“分子信息学”项目跨部门公告，寻求开发一种可在分析和化学层面处理来自侦察、电子战、信息情报、持续监视等数据密集型军事应用领域的海量信息流的技术。哥伦比亚大学成功创建一种在 DNA 中存储数据的方法，创造出迄今最高密度的大规模数据存储方案，新系统将具备 1 克 DNA 存储 215 拍字节的能力，达到了理论极限值的 85%。哈佛大学成功将电影片段存储到细菌活体细胞中，经过多次迭代后，存储在基因中的电影信息保存完好，有望应用于数据加密和生物传感等领域。

4.2.1.5　DNA 生物计算机性能不断取得突破

美国微软公司与华盛顿大学研发出大幅提升 DNA 分子运算速度的方法。经过实验证明，新型 DNA 计算机仅用 7 分钟就完成了包含 3 个输入链的与门，之前的设备则需要 4 小时完成同样的任务。

4.2.1.6　研发新型材料和柔性结构，纳米生物传感器灵敏度达到分子水平

生物传感器是一种对生物物质敏感并将其浓度转换为电信号进行检测的仪器，主要实现感受、观察、反应三个功能，广泛应用于医学、生物芯片、环境检测、军事医学监测等领域。

4.2.1.7　利用石墨稀材料特性发展柔性生物传感器

石墨稀作为柔性电子器件和柔性生物传感器的理想材料，其零带宽的特征限制了基于石墨稀的场效应晶体管的开关以及生物传感器的灵敏度。莫斯科物理与技术研究院的研究人员开发出全球首款基于铜和氧化石墨稀的生物传感器芯片，研究人员在铜和电介质薄膜的顶部添加了石墨稀氧化物层，将生物传感器的精度提高了数十倍，未来有望应用在可穿戴设备、高精度电子设备中。德国弗劳恩霍夫生物与医学技术研究所开发了一种基于石墨稀导电油墨的生物传感器，证实了在细胞培养微板上凹版印刷制备生物传感器基底的可能性。

4.2.1.8　纳米生物传感器灵敏度达到分子水平，成本逐渐降低

美国伯克利实验室开发出一种称为“生化鼻子”的具有单分子水平灵敏度

的纳米传感器。这种纳米传感器基于分子指纹技术，可以在几分钟内准确地检测和诊断分子水平的物质，传统方法则需要数小时或数天。瑞典乌普萨拉大学和巴西研究人员开发出一种可以检测单分子的新型纳米传感器，这种纳米传感器可以通过电流信号方便、便宜地鉴定 DNA 中不同的核苷酸序列。美国塔夫茨大学首次成功研发一种智能缝合线，内置了纳米传感器，可以通过无线的方式监测电子和微观数据，在帮助人体组织愈合的同时收集血压、温度等诊断数据。缝合线还能创建“完成线程诊断平台”，让不同缝合线运输的液体相互支持，将传感器检测数据和结果同步到智能手机和电脑中。韩国科学家基于声音振动原理，研发出一款源生于“蜘蛛”仿生学的纳米缝隙传感器。研究人员在粘弹性聚合物表面添加 20 纳米厚度的铂金层，搭建了传感器框架。研究人员测试发现，纳米裂缝传感器可以在 92 分贝的实验环境中捕捉到测试人员的声音。

4.2.1.9　美国和德国联合研发高效仿生太阳能电池板

2017 年 10 月，美国加州理工大学和德国卡尔斯鲁厄理工学院研究人员从黑蝴蝶翅膀结构中获得灵感，开发出一种吸收光能效率更高的 3D 打印太阳能电池板，这种新型太阳能电池板光吸收效率增加了 200%，可用于打造微型廉价太阳能电池。

4.2.1.10　美国研发出新型生物燃料太阳能电池

2017 年 10 月，美国宾厄姆顿大学和纽约州立大学研究人员研发出新型生物太阳能电池。这种生物太阳能电池使用藻青菌，能够在白天通过光合作用产生能量，夜间通过生物酶储存的葡萄糖降解产生能量。新型生物太阳能电池系统的最大输出电流密度能够达到 43.8 微瓦/平方厘米，而且能够连续工作 20 天左右。

4.2.2　最新动向

2019 年 2 月，DARPA 资助多个研究团队开展“持久海洋生物传感器”项目研究。该研究利用海洋生物对环境变化做出的高度敏感反应，实施水下目标探测。项目研究成果将作为美军传统水下监视系统的重要补充，扩大水下监视范围、大幅提高监视灵敏度和持久性。第一阶段，研究小组证明，海洋生物能够感知水下航行器（各种混杂体）在其环境中的存在，并通过输出信号或其他可观察到的行为做出反应。2020 年 10 月，“持久海洋生物传感器”项目进入第二阶段。在该阶段，研究团队将开发人造探测器系统来观察、记录和解释这些生物体的反应，并将分析结果作为提炼过的警报传送给远程终端用户。

2019 年 8 月，DARPA 启动了一项名为“自然计算机”的研究计划，旨在模仿生物细胞活动、化学键作用及其他自然过程的计算能力，开发可解决复杂计算问题的高效计算机。欧盟“地平线 2020”计划启动了一个为期 5 年的 Bio4Comp 项目，以研制功能更加强大、安全性更高的生物计算机，当前已投资 712 万欧元成立了由多个大学和公司组成的研究团队。

2020 年 1 月，美国哥伦比亚大学联合瑞士苏黎世联邦理工学院和以色列的研究人员，成功将人工 DNA 嵌入 3D 打印的塑料小兔子模型中，嵌入 DNA 里写了打印这只兔子的指令，可通过 DNA 解码和编码，复制打印下一代“兔子”。这只 3D 打印的兔子模型实现了其自身数据的 DNA 存储和传递，相关研究论文发表在《自然—生物技术》杂志上。研究人员设计了“DNA of Things”（DoT）存储架构来生成具有恒久内存的材料。在 DoT 框架中，DNA 分子记录数据，然后将这些分子封装在纳米二氧化硅珠中，这些纳米二氧化硅珠被融合进各种材料，可以打印任何形状的物体。这项研究最大的突破在于证实了万物皆可实现 DNA 存储的理论，从存储密度来看，10 吨 DNA 即可存储人类已经创造出的所有信息。

DARPA 生物电子组织再生项目旨在开发可加速身体自然愈合、实现伤口更快恢复、减少并发症的生物电子技术，实现复杂伤口的智能治疗。2020 年 3 月，该项目资助匹兹堡大学 2200 万美元，用于开发“智能调节的再生电子补丁”（REPAIR）。REPAIR 将作为一种小型电子设备植入创伤患者伤口处，能够在损伤修复过程中持续监测关键分子信号变化情况，并结合人工智能手段释放特定分子精准修复伤口。研发的再生电子补丁将帮助创伤士兵和退伍军人再生肌肉组织，实现创伤修复和护理的重大创新。

2020 年 4 月，DARPA 启动“高级环境适应和保护工具”项目，旨在开发一款可植入人体的、能提高作战人员环境适应性的生物电子系统，为作战人员提供一种暂时的、非基因的方法，实现对自身生理情况的控制，以解决部队在海外部署时面临的睡眠不足和水土不服等问题。

2020 年 8 月，DARPA“西格玛＋”（SIGMA＋）项目在印第安纳州首府印第安纳波利斯大都会地区进行了为期一周的先进化学和生物传感系统部署。该项目通过开发新的传感器和网络，扩展了原“西格玛”项目检测非法放射性材料和核材料的先进能力，使其对化学、生物和爆炸物威胁也能以高灵敏度向当局发出警报。此次测试标志着先进的实验室级化学和生物传感器首次成功用于移动探测系统中。

2021 年 3 月，美国空军研究实验室纳米生物材料联盟启动可检测应激和疲劳的纳米生物传感器项目，将用于实时监测飞行员的应激和疲劳状态。该项目将采用石墨烯场效应晶体管这一新型生物传感器，一旦分子识别元件识别到“目标”生物标志物（例如神经肽 Y 或应激激素皮质醇）的数据大于正常数值，石墨烯场效应晶体管的电导率就会发生变化，继而传感器产生实时响应信号，可及时提示飞行员处于应激和疲劳状态。该传感器主要检测汗液和唾液中的目标生物标志物，完全达到无创，可集成到可穿戴设备（如健身跟踪器）中对飞行员健康状况进行长期持续监测，确保飞行员处于最佳战备状态；也可作为一次性传感器，在战场救治中用于大规模快速检测。

2021 年 4 月，德国马克斯·普朗克分子遗传学研究所的研究人员开发了一种新的算法，使用机器学习技术识别 165 种以前未知的癌症基因。这为个性化医学中的靶向癌症治疗和生物标记物的开发开辟了新的前景。

2021 年 6 月，美国陆军研究实验室资助的研究团队开发了一种能够处理超低电子信号的新型电子设备，其特点是能够在没有任何外部能量输入的情况下，对信息输入做出智能响应，并希望能够借此打造自我维持智能微系统。这套微系统的两个关键组件包括由蛋白质纳米线制成的空气发电器（Air－Gen）和利用蛋白质纳米线打造的“忆阻器”电子设备。新型微系统能够借助空气发电器产生的电力，驱动忆阻器传感器和电路，避免了环境刺激和神经形态装置中的驱动幅度之间的信号不匹配，通过在生物水平上实现信号匹配，证明了多功能、自我维持的神经形态接口，可实现生物幅度（＜100 微伏）的信号处理和能量收集。这套电子微系统能够从环境中汲取能量来支撑传感与计算，而无须电池等外部能源，且具有与生物体相当的“智能”和自我维持能力，这预示着由可持续生物材料制成的未来绿色电子产品具有巨大的应用潜力。

2021 年 6 月，美国哈佛大学和麻省理工学院的研究团队发现一种将合成生物学中的生物反应嵌入织物的方法，称为可穿戴冷冻干燥无细胞合成生物学（wFDCF）技术，运用这种技术可以制造出定制的可穿戴生物传感器，该传感器可以检测病原体和毒素并提醒佩戴者。该团队已将 wFDCF 技术集成到标准口罩中，以检测患者呼吸的气体中是否存在新冠病毒。佩戴者按下按钮激活口罩后，口罩中的传感器可在 90 分钟内给出结果，结果准确度可与聚合酶链式反应等基于核酸的标准检测手段相媲美。

2021 年 9 月，人工智能研究实验室 DeepMind 与欧洲生物信息学研究所 EMBL－EBI 合作推出 AlphaFold 蛋白质结构数据库。该数据库提供了迄今为止人类蛋白质组最完整、最准确的图像。蛋白质结构的解析，一直是生物学里悬而未决的几大终极难题之一，而生物计算有效打破了上述瓶颈。

2021 年 11 月，新加坡国立大学等机构的研究团队开发了一种基于 DNA 水凝胶的传感器，用于检测开放性伤口中所发生的感染。其能被特定类型的细菌所分泌的 DNase 酶所降解，水凝胶中所嵌入的电子装置能够测定水凝胶被降解的程度，如果其在特定参数范围内就能提示感染存在，这时候电子装置就会向智能手机发出警报，研究人员将其称为“伤口无线感染检测”。

2021 年 11 月，DARPA 正式对外公布在“基于事件的神经形态相机和电子设备”项目下资助雷神技术公司、BAE 系统公司、诺斯罗普·格鲁门公司领导的联合研究团队开发基于事件的智能成像技术，预计 2025 年完成技术演示验证。同月，英国国防科学技术实验室牵头开展“城市复杂竞争环境”演习。演习期间，英国与工业界、学术界以及“五眼联盟”国家联合测试多项可在城市复杂建筑环境中发现敌军的军用生物技术及新型装备，包括：1）基于人工智能和机器学习来识别威胁的分布式自主传感器；2）用于检测城市上空无人飞行器的先进传感器；3）对城市环境以及人类活动相互作用的理解；

4）通过提供导航、威胁检测等来支持士兵在密集的城市地形中作战的技术；5）用于后勤的机器人及自主系统；6）针对城市环境复杂性对伤员护送和处置进行优化的技术。

2021 年 11 月，美国宾夕法尼亚大学的研究团队，通过在活细胞内对蛋白质进行改造，成功构建出了蛋白质逻辑门。这种蛋白质逻辑门不仅能够实现纳米计算，也能精确控制细胞的运动，为构建复杂的纳米计算奠定了基础。

韩国济州国立大学研究人员受海豹等海洋生物胡须的启发，研发出一种触须状水下传感器，可监测水下涡流。这项研究为监测水下涡流提供了一种简单可行的技术途径，未来有望用于水下机器人，执行水下环境监测等任务。2020 年 6 月，美国塔夫茨大学的研究人员通过在可穿戴衬底上印刷具有生物活性的高精度生物传感结构从而实现实时进行生物分子的局域化检测。当周围环境发生变化时，或释放特定分子时，具有生物活性的传感材料可以与之发生反应，从而发生颜色变化。这种方式叫作比色传感。

4.3　脑科学技术

4.3.1　发展现状

4.3.1.1　脑信息应用技术

对脑信息获取及其应用的发展，主要体现在四个方面：包括脑电信号破译研究、脑活动信息还原视觉图像、脑活动信息分析心理与行为关系以及脑活动信息再现人类梦境等。

1）脑电信号破译研究。在脑电信号破译研究方面，世界各国科学家积极开展探索。顺着时间线来看，2015 年美国爱莫提（Emotiv）公司推出一款能够翻译 8 种生理表现和 7 种表情的脑电信号的脑机接口装置；2016 年美国罗切斯特大学利用计算机程序分析词语相关脑信号；2016 年德国卡尔斯鲁厄理工学院可将部分脑电信号解码为文字等。

2）脑活动信息还原视觉图像研究。通过对脑神经活动信息的分析还原出人类视觉图像的研究同样是脑科学研究领域的一个热点。最早的研究可追溯至

1999 年，哈佛大学的加勒特·斯坦利（Garrett Stanley）团队试图解码猫的丘脑外侧膝状体内的神经元放电信息来重建视觉图像。之后，相关研究机构取得了一定的成果，主要包括以下几个案例：2010 年，美国梅约医学中心利用脑皮层电图技术还原视觉图像。2014 年，耶鲁大学利用功能磁共振成像技术还原大脑记忆中看到的人脸模型。2016 年，华盛顿大学利用计算机软件分析脑信号来识别即时图像。

3）脑活动信息分析心理与行为关系研究。人的行为受大脑神经活动的支配，探索行为与神经元的关系一直是脑科学研究领域的热点问题之一，近年来，相关研究机构取得了一定的成果。2013 年，美国利用神经活动信息开展了小鼠行为与神经元之间的关系研究。科学家在掌握了小鼠行为和神经元之间的联系后，仅仅通过分析小鼠脑部荧光闪烁的混乱图景，就能清楚地判定小鼠的具体位置。2017 年，科学家通过脑部扫描算法识别“自杀念头”。该算法对于预测“有自杀念头”具有 91％的准确率，而预测“尝试自杀”则具有 94％的准确率。

4）脑活动信息再现人类梦境研究。梦从很古老的时候就吸引着人们的视线，科学家也尝试对梦的活动进行生理心理学解释，这种观点认为梦的产生源于脑干“巨细胞”的放电，并尝试通过对脑信息进行分析还原梦境。2011 年，德国利用新型大脑扫描器获取人类梦境信息。这一技术证实新型大脑扫描器能够看到神智清晰造梦者的梦境，这意味着使用大脑监控器阅读清醒状态人们思维的途径又获得新的突破。2012 年，日本借磁共振获取人类梦境信息。研究人员通过对志愿者做梦时的脑电波进行分析，预测一个人是否在做梦的准确率能达到 75％到 80％。

4.3.1.2　脑信息交互技术

当前，脑机接口技术的研究重点主要集中在脑电信号翻译算法改进、脑信息传输方式与效率创新、脑机接口技术验证等方面。

1）脑电信号翻译算法改进。以往的人脑控制设备技术，大多是佩戴电极帽，然后脑电图记录人脑产生的电信号，再利用“公共空间格局”（CSP）算法将脑电图信号翻译成命令，从而控制各种各样的设备。通过对脑电图信号变化的估算，传统 CSP 算法可以区分和解释不同的命令，它的精确度取决于提供了多少信号。但是，当脑电图信号很少时，CSP 算法就会做出错误的解释。2011 年 5 月，新加坡 ASTAR 通信研究所的科学家开发出一款改进版的 CSP 算法，显著地促进了脑机接口技术的发展。科学家表示，这是提高目前脑机接口技术准确性的一种方法，新算法可以在数据前期处理阶段把培训数据集整合到一起。这将大大减小为脑机接口技术收集数据的难度，也将减少对脑电图信号处理程序的内存需求，还能减少处理信号所用的时间。

2）脑信息传输方式与效率创新。在脑信息交互方面，传输方式和效率影响着交互效果。2013 年，来自布朗大学的研究人员研发出了全球首个通过无线方式连接的脑机接口。该无线脑机接口的尺寸只有一个火柴盒大小，它可以安放在穿戴者的头骨上进行检测，并将检测到的数据传输到 1 米以外的电脑上。而安装在其中的 200 mA · h 锂离子电池能够续航 7 小时。不过遗憾的是，这款设备必须在 3.6 华氏度（−15.78 摄氏度）的条件下才能充电。

3）脑机接口技术验证。脑机接口分为“侵入式”和“非侵入式”两种。“侵入式”技术，就是需将电极植入大脑皮层表面或脑内采集脑电的技术，优点是信息量大、时空分辨率高；缺点是属“有创”操作。目前，“侵入式”脑机接口技术在人体中实现应用难度仍较大。其中，美国处于行业前列，而荷兰近期的成果也举世瞩目：2006 年，美国布朗大学在瘫痪病人身上实现脑电控制假肢，实现了脑机接口的首次临床应用；2012 年，美国西北大学实现了功能性电刺激控制瘫痪肌肉；同年，美国匹兹堡大学实现人脑 ECoG 信号控制机械手；2015 年，加州理工成功使一位高位截瘫病人通过意念控制独立机械手臂完成“喝水”等精细任务；2016 年，荷兰乌特勒支大学成功使一位因渐冻症而失去运动乃至眼动能力的患者通过意念在计算机上打字，准确率达 95%。

“非侵入式”技术，主要有脑电图 EEG、脑磁图 MEG、近红外光谱 NIRS、功能磁共振成像 fMRI 等研究方式，一些商用脑机交互产品已被开发和出现在市场上。例如，日本本田公司生产了意念控制机器人，操作者可通过想象自己的肢体运动来控制身边机器人进行相应的动作；美国罗切斯特大学的一项研究，受试者可通过 P300 信号控制虚拟现实场景中的一些物体，如开关灯或操纵虚拟轿车等；日本 Neurowear 公司开发了一款名为 Necomimi 意念猫耳朵的脑机交互设备，可检测人脑电波，进而转动猫耳来表达不同情绪，其姐妹产品“脑电波猫尾”，则可由脑电波控制仿猫尾巴装置随佩戴者心情的变化而运动；美国 Emotiv 公司开发出一款脑电波编译设备——EmotivInsight，能帮助残障人士控制轮椅或电脑。

既然大脑能够产生有规律的脑电波，那么就能够利用脑电波来控制外部设备，由此也推动了脑机接口技术的产生与发展。早期的工作开始于 20 世纪 60 年代，美国华盛顿大学医学院的研究人员埃伯哈德·菲兹（Eberhard Fetz）及其同事发现猴子可以通过大脑运动皮层中神经元的活动来使生物反馈仪的指针发生偏斜，这是科学家首次证实脑电波可以控制外部设备。此后，科学家们开始用猴子、大鼠等动物甚至人来研究脑机接口，开展了一系列的脑机接口技术验证实验。从验证类别看，这些实验主要分为两类，一类是精神拼写，另一类是外界物体控制。

4.3.1.3　脑信息控制技术

利用脑信息控制技术，能够实现对生物神经活动与思维能力进行干扰甚至控制。当前深入开展的是采用脑电信号控制大脑，利用计算机控制信号对大脑进行控制的研究还不是很深入。近年来，国内外在脑信息控制技术方面取得了一定的进展。一是“脑对脑”异体控制实验取得成功，科学家们围绕动物、人与动物、人与人开展了一系列探索性实验研究。二是探索将外部信息植入大脑的可能，科学家们在以动物为对象开展大脑植入外部信息的同时，还探索将知识下载到人脑的可行性。三是探索构建“脑联网”，科学家们实现了将猴子和老鼠等动物大脑相连形成大脑网络以及人脑与人脑之间的信息传输。

1）“脑对脑”异体控制实验取得成功。实现控制大脑需要将外部控制信息输入大脑。外部控制信息的来源可以是机械设备，也可以是另一个大脑。“脑对脑”异体控制是脑信息控制技术的一个重要方向，是一个主体大脑通过控制另一个主体大脑的思维进而控制其行为的过程。

2）探索将外部信息植入大脑。要实现控制大脑的目的，需要向大脑输入外部控制信号。按照这一思路，也可以向大脑输入各种信息和知识，来改进人类的学习方式。

3）探索构建“脑联网”。在对大脑进行信息控制研究基础上，科学家们还开展了构建“脑联网”方面的探索性研究，主要方向包括生物大脑连接、脑与脑之间信息传递等。

4.3.2　最新动向

2019 年 7 月，埃隆·马斯克创办的 Neuralink 公司宣布研发出一款可连接苹果手机的侵入性脑机接口系统。2020 年 8 月，Neuralink 展示了一头植入脑机接口设备的猪。该设备能够读取大脑活动，“大约一枚硬币大小”，不会对大脑造成任何持久损害。该设备的电池续航时间为一整天，可以直接连接到佩戴者的智能手机上，帮助解决许多神经系统问题，例如记忆力减退、中风和成瘾等。与 2019 年展示的脑机接口设备不同的是，最新一代设备是完全无线的，使用感应充电。此外，西班牙米格尔·埃尔南德斯大学还开发出“仿生眼睛”脑机接口系统，可直连大脑视觉皮层，帮助患者复明。

2020 年 1 月，PARAFROMICS 公司公布了一种新型高数据速率侵入式脑机接口，采用比现有方法 1/60 的功耗处理和传输神经数据，可降低大脑过热带来的风险，同时传输更多的数据。

2020 年 11 月，在美国陆军研究办公室项目的资助下，美国加州大学的研究人员成功从大脑信号中分离出影响动作和行为的信号。该研究的目标是实现计算机和大脑之间真正的双向信号传输，基于对士兵脑神经信号的解码和读取，并利用复杂的数学算法，使机器向士兵大脑传递反馈信号，使机器得以在危害情况发生前，对士兵的行为进行校正，进而保护作战人员健康。在该研究基础上，有望实现士兵在战场上通过计算机进行无声交流。

2021 年 3 月，DARPA 资助的“新一代非侵入性神经技术”（N3）项目研究正式进入第二阶段。该项目开发了一种名为“大脑风暴”的脑机系统，其核心元件是电磁纳米转换器，可通过磁场能量与电场能量的双向交换，非接触式激活目标神经元；电磁纳米转换器注入人体循环系统后，可利用磁铁将其引导至目标脑区，在脑与神经接口之间搭建双向连接通道，为精准读取和写入神经元信号创造了条件。该项目旨在开发新一代高分辨率非侵入式双向脑机接口，同时写入和读取多个位点信息，电磁纳米转换器是项目研发团队取得的关键性成果，下一步将重点优化电磁纳米转换器，同步推进外部信息编写接口的构建和测试工作，实现脑机接口多信道无障碍联通，有望提高士兵与武器装备的高水平交互能力，实现士兵的超级认知、快速决策、超脑及脑控能力。

2021 年 4 月，美国布朗大学的研究人员展示了人类首次使用高带宽无线脑机接口的场景。该系统可以以单神经元分辨率和全宽带保真度传输脑信号，而无须与解码系统进行物理绑定。这是迈向完全可植入皮质内脑机接口系统的重要一步。虽然脑机接口已经在临床试验中测试多年，但它们需要电缆将大脑中的传感阵列连接到能够解码信号的计算机，并使用它们来驱动外部设备。

2021 年 4 月，埃隆·马斯克创办的神经连接公司（Neuralink）展示了一只猴子通过脑机接口系统 LINK V0.9 玩电子游戏的场景。该系统具有体积小、排异反应小、信号采集通道数量多、可无线通信和充电、实用化程度高的优点，为加速实用型“脑控”系统研发奠定了基础。预计该设备可用于解决许多神经系统问题，例如记忆力减退、中风和成瘾等，目前已获得美国食品药品监督管理局许可，有望在短期内开展人体试验。

2021 年 5 月，斯坦福大学研究人员研发出新型脑机接口，可将人类大脑中想象的“笔迹”转为屏幕文本，准确率超过 99%。该设备每分钟能准确转换 90 个字符，速度可以与正常手写或在智能手机上打字相媲美，比之前用眼动追踪系统打字的速度快一倍多。

2021 年 7 月，美国大脑数据传输公司 Synchron 表示，美国食品药品监督管理局（FDA）批准了其运动神经假体（一种脑机接口）的临床实验申请，这也是美国首次批准商用脑机接口进入临床试验。这种脑机接口需要 2 小时植入患者体内。其中网状的传感器能通过血管输送到大脑，可以灵活布置在大脑多个位置，从而捕捉各种类型的信号，并将信号传递到一个特定的操作系统，与外界进行沟通。Synchron 公司表示，这项实验已招募了 6 名患者，将评估这种脑机接口对重度瘫痪患者的效果。

2021 年 11 月，美国南加州大学的研究团队在《自然》子刊上发表论文，首次使用人工智能合成神经活动数据，并将其传递给脑机接口，这是人工智能第一次在该领域被应用，这一技术把训练脑机接口系统提取、分析大脑信号的速度，提高了整整 20 倍。这项研究成果未来可以用于诸多神经解码问题上，并应用于失眠、自闭症、多动症、阿兹海默症等疾病的干预和阻断上。

4.4　生物能源技术

4.4.1　发展现状

4.4.1.1　生物燃料电池研发活跃，军事应用前景广阔

2017 年 5 月，美国海军研究实验室展示了其研制的深海微生物燃料电池（BMFC），可为相关海洋军事部署与应用进行持续供电。BMFC 在海底运行，可氧化沉积物中的有机物，并氧化上层海水中的氧气。该电池免维护，且本身不耗电，可对目前使用电池的各种传感器进行供电。

2018 年 8 月，美国加州大学圣地亚哥分校开发出可拉伸的生物燃料电池，可从汗液中提取能量，为电子设备供电。科研人员使用了光刻技术和丝网印刷技术，制造出三维碳纳米管基的阴极和阳极阵列，从而研发出这种生物燃料电池。燃料电池中的酶可以氧化汗液中的乳酸，并产生电流，从而将汗水变成了一种能量源。新型生物燃料电池与现有的可穿戴的生物燃料电池相比，单位表面积产生的能量要高出 10 倍，未来有望为可穿戴军用设备供电。

2018 年 6 月，美国纽约州立大学宾汉顿分校设计开发了新型可降解、高性能、低成本的纸基微生物燃料电池（MFC），电池在水中无须任何特殊装置、条件或引入其他微生物，经过 14 天就基本降解完成，具有良好的环保性，可促进柔性电子器件的电池发展。

4.4.1.2　藻类生物燃料研发取得突破，大幅提高燃料产量

2018 年 3 月，埃克森美孚与合成基因组公司宣布其藻类生物燃料研究计划进入新的阶段，将进行实验室外研究，在加利福尼亚的几个池塘中种植天然藻类。该计划预计到 2025 年，能够具备每天生产 10 000 桶的藻类生物燃料的

技术能力。2017 年这两家公司宣布在不改变藻类生长时间的情况下，成功通过基因改造藻类脂类含量，从 20%提高至 40%，这次突破是藻类生物燃料工业化生产的重要一步。

2018 年 6 月，密歇根州立大学的科学家采用生物絮凝新方法，使微生物共同协作提高燃料产量。科学家利用藻类和真菌创造新的生物燃料系统，这两种生物在同一环境中产出的油比单独种植和收获的要多，同时真菌和藻类的聚集物更容易收获。这一方法能够降低成本，提高生产率，有助于生物燃料的广泛应用。

2018 年 8 月，日本东京工业大学发现加速藻类生物燃料生产的关键酶。这种甘油-3-磷酸酰基转移酶（GPAT）家族的酶可将红藻生物燃料产量提高 56 倍以上，而对藻类生长没有任何负面影响。该研究有望提高生物燃料产量，降低生物燃料生产成本，有助于藻类生物燃料工业化生产。

2019 年 12 月，荷兰研究人员测试新型基于海藻的生物燃料，研究人员利用海藻提炼制造了 10 千克生物乙醇和 8 千克的生物丁醇，通过将其与化石燃料混合，制造出可用于汽车的生物燃料，并对该种新型基于海藻的生物燃料进行了实验测试，采用该种新型燃料的汽车成功行驶了 80 千米。上述项目研究由位于荷兰佩滕的应用科学研究所的海藻实验室和瓦赫宁根大学联合开展，研究人员还对海藻燃料的性能、消耗量、对汽车发动机的影响等进行了研究。

4.4.1.3　基因工程等生物能源合成与制备技术逐步成熟，新型生物燃料不断涌现

2017 年 12 月，美国海军空战中心（NAWC）研究人员利用甲基酮和二醇合成了新型可再生柴油燃料。这些燃料表现出与传统生物柴油相当的净燃烧热（NHOC），其十六烷值在 82～91 之间，比传统生物柴油高 20～30，比石油柴油燃料高 40～50。甲基酮可以由糖原料或代谢工程微生物有效地产生，而二醇可以通过发酵或化学方法容易地从生物质糖获得。使用木质纤维素生物质作为原料可以大规模生产这些燃料，同时显著减少温室气体排放。

2018 年 3 月，美国能源部联合生物能源研究所（JBEI）与劳伦斯伯克利国家实验室研究人员利用传统的蛋白质纯化技术、现代生物技术以及生物信息

学分析技术等方法，在缺氧微生物群落中发现了一种甲苯合成酶，可将细菌微生物催化合成甲苯。该研究首次实现了芳香族生物燃料的微生物合成，用可再生资源替代石油生产甲苯。

2018 年 6 月，美国能源部橡树岭国家实验室发现植物基因新功能，即植物中产生氨基酸的关键酶参与产生木质素的基因表达。研究人员计划利用这种酶来减少木质素的生成，较少的木质素有利于将杨木转化为生物燃料。该发现加速了植物基因功能研究的进程，有望释放植物制造生物燃料的更多潜能。

2018 年 6 月，英国帝国理工学院研究人员通过修改葡萄糖苷酶化学结构，提高了葡萄糖苷酶的耐受性能，使其能够承受高达 137 摄氏度的温度，同时可以在离子液体中发挥作用。该研究使植物生物质分解速度提高 30 倍，可以加速生物燃料的生产。

2018 年 7 月，威斯康星大学麦迪逊分校和能源部实验室在酵母基因组中发现了一种基因，有望提高酵母生产生物燃料的产量。这种 SGE1 的基因会产生一种蛋白质，在酵母细胞膜中沉淀，帮助细胞清除毒素。研究人员使用基因编辑工具 CRISPR 改变了一种易受离子液体影响的酵母菌株，成功地生产出了能够耐受预处理化学品并且正常发酵的酵母菌株，下一步将在实验室外试验这种转基因酵母。

4.4.2　最新动向

2019 年 12 月，日本东北大学的研究人员开发了由酶修饰碳纤维电极组成的串联式柔性生物电池。果糖被用作燃料，它的电氧化作用可以直接由果糖脱氢酶催化，无须任何电子介体。

2020 年 2 月，美国马萨诸塞大学阿默斯特分校研发出名为“Air - gen”的空气发电器装置，这种装置由地杆菌产生的导电蛋白质纳米线组成，通过空气将电极与蛋白质纳米线连接起来，并通过自然存在于大气中的水蒸气产生电流。研究人员表示，目前的空气发电设备能够为小型电子设备提供动力，下一步计划开发一种小型空气发电“补丁”，为健康监测设备和智能手表等电子可穿戴设备提供动力，减少对传统电池的需求。这项新技术可能会对可再生能源、气候变化和医学的未来产生重大影响。

2020 年 3 月，美国海军空战中心武器分部（NAWCWD）与英国曼彻斯特大学合作，开展在海水中利用生物合成高密度导弹燃料研究，加速从实验室到战场应用的转化。此次合作，由美国海军研究全球办公室通过“访问科学家计划”，对曼彻斯特大学研究人员进行资助，并得到了英国国防科学技术实验室（DSTL）的协调和支持。美国海军空战中心武器分部拥有转化生物合成分子的相关专利技术，可将芳樟醇（一种在植物中天然存在的醇类）转化为环状醇和异丁烯，利用醇类的化学脱水产生可生成高密度导弹燃料的化学成分，其化学性质可完美复制传统的石油衍生物。英国曼彻斯特大学拥有大量生产芳樟醇的技术潜力，且经济高效，可保障芳樟醇的足量供应。

此次合作，美国海军空战中心武器分部将利用曼彻斯特大学研究人员生产的生物合成芳樟醇作为合成燃料混合物的原料，共同提出利用合成生物学生产高能燃料前体物的方案。同时，曼彻斯特大学使用的微生物可以耐受高浓度的盐和杂质，不同于传统的合成生物学技术需要无菌条件、不锈钢反应器和淡水。这使得发酵可在海水中进行，最终可实现在海上或世界各地沿海海军基地进行燃料、润滑油等化学品的生产，从而减少对珍贵淡水资源的需求，显著降低生产成本。

美国海军研究全球办公室通过“访问科学家计划”方式，促成此次国际研究人员间的合作，并提供初始投资。其主要目的在于：对符合海军长期研究重点的创新性、高风险、高回报研究进行支持，并加速新技术向战场转化；不断更新对技术发展现状的认知，避免被对手抢先；促进国际科研合作，加强与国际一流研究机构的伙伴关系。

2021 年 3 月，诺和诺德基金会生物可持续性研究中心与美国耶鲁大学在《自然—通讯》发布的一项研究表明，甘蔗在进行乙醇发酵时，淀粉乳杆菌能产生大量喂养酵母菌的乙醛，发酵产量预计可提高 3%。研究人员建议，关注微生物群落的多样性，对益生菌和有害细菌进行取舍，可以提高发酵的总产量和成本。

近年来，在研究生物乙醇、生物柴油等大宗燃料的同时，主要军事强国还着眼于开发新兴技术来解决未来特殊军用场景的能源问题，如微能源系统、环境能源收集技术等。2021 年 3 月，俄罗斯莫斯科电子技术研究所披露正在研究能够把热能转化为电能的材料，可直接在手或背部为便携式小装置充电。

2021 年 8 月，德国奥利弗·施密特教授领导的国际团队成功研发出迄今为止最小的生物超级电容器，体积仅为 0.001 立方毫米，该生物相容性储能系统为下一代生物医学血管内植入物和微型机器人系统的应用开辟可能性。

2021 年 8 月，美国 Gevo 公司与世界最大的私营石油公司之一 BP 公司达成合作，销售可再生天然气。Gevo 公司从 2019 年开始研发通过厌氧菌消化动物粪便产生可再生天然气的项目。

2021 年 10 月，欧洲空中客车公司使用一架 A319neo 试验飞机在法国图卢兹地区利用 100%可持续航空燃油飞行。这一项目是由空中客车公司联合赛峰集团、达索飞机制造公司、法国航空航天研究中心奥内拉公司和法国交通部开展的。可持续航空燃油主要是由未使用的植物油和食用油等生产的。这种生物燃料可以大大减少二氧化碳排放，但目前比普通煤油贵很多。

2022 年 11 月，美国和巴西科学家联合开发了一种全新的酶促燃料电池。这种电池把可裂解碳—碳键的草酸氧化酶和一种有机催化剂（芘-TEMPO）固定在修饰的羧化多壁碳纳米管表面，形成了可使乙二醇完全氧化的混合双催化剂电极。在存在乙二醇的条件下该混合电极中草酸氧化酶的催化活性是不含乙二醇的 9 倍，表明酶与有机催化剂结合可使乙二醇完全电氧化以促进能量产生。

电化学阻抗谱实验证明，在含有催化剂的混合电极（芘-TEMPO-MWCNT-COOH）中添加草酸氧化酶，可明显增加电荷转移电阻和双电层的电容。高效液相色谱法测试结果表明混合电极中每个乙二醇分子可在含有二氧化碳的溶液中完全氧化，并提供 10 个电子。此外，该混合电极具有 15 小时的长电解周期，表明其具有出色的电流密度和稳定性。总体而言，这项研究开发了一种简单且高效的混合双催化剂电极，有望在小型电子设备中得到应用。

4.5 仿生技术

4.5.1 发展现状

“天眼”仿生视觉系统迎合现代战争对于态势感知的需求：一是实现战场态势自主感知。该系统可基于采集的样本数据，持续自主学习和训练，能持续提升场景理解和目标分类性能。二是可有效提升战场感知范围和能力。搭载“天眼”仿生视觉系统的无人机，可从高视角、广视场、远距离对目标区域进行检测识别，或深入复杂、危险区域抵近侦察，先敌发现、先敌攻击；该系统还可部署到卫星等平台，监测目标区域重点人员或设施装备的异动情况，形成态势感知信息。三是可在低通信带宽条件下提供态势信息。该系统能自主完成目标视频数据分析处理，以音频或文本形式发送，对通信带宽要求低，可摆脱与地面站间的高速通信带宽依赖，在复杂战场环境为作战人员提供高质量的战术决策情报。

4.5.2 最新动向

2020 年 3 月，美国休斯研究实验室首次对外披露“天眼”仿生视觉系统研发进展，公布相关测试信息。该系统是由美国海军研究署投资的一种可在无人机上部署的自主态势感知系统，可自主学习，扩展性强，且具有对通信带宽要求低等优势，可实现对 10 类以上场景目标的实时检测分类和行为识别，提高了战术决策和作战任务效率，军事应用前景广阔。

2020 年 4 月，DARPA 公布“进攻性蜂群使能战术”项目第五批合同授予单位；至此，自 2017 年启动的“进攻性蜂群使能战术”项目已完成五轮“蜂群冲刺”方案征集。该项目旨在开发和验证适用 100 种以上的无人空中或/和地面机器人组成的蜂群的战术，帮助作战部队在复杂城市环境中完成战斗任务。

2021 年 4 月，美国陆军研究实验室的科学家将生物有机组织与机器融合在一起，打造生物混合机器人。生物混合机器人是把肌肉组织连接到两个固体表面，通过电脉冲或化学刺激来开启或关闭肌肉，使其像弹簧一样收缩或放松。生物混合机器人利用高超的生物控制系统，以及肌肉和肌腱灵活弯曲的能力，为机器人控制提供强大的自适应性和灵活性，效能明显优于传统机器人，比仅由金属和塑料等非生物成分制成的机器人更具通用性、适应性和复杂性，在进入不可预测的复杂环境时能够立即调整姿态以适应不稳定的地形。预计其未来应用主要在高敏捷性、多功能性的足式运动平台、扑翼式无人机等，有助于进入目前无法涉及的区域，将对未来多域战军事行动发挥重要作用。

2021 年 8 月，韩国科学家团队研制出以变色龙为灵感的软体机器人，该机器人可根据环境状况实时变色，标志着可穿戴伪装技术已取得巨大飞跃；同月，美国波士顿动力公司通过最新的视觉感知算法突破传统机器人控制技术极限，展示“阿特拉斯”人形机器人单手跨栏、后空翻等能力，实现机器人姿态控制技术里程碑。

2021 年 9 月，美国斯坦福大学研究团队研发出高能形状记忆聚合物，在恢复到原始状态时释放大量能量，拉伸后的材料可利用这种能量在加热时举起超自身重量 5000 倍的物体，为打造未来机器人有力肌肉开辟新途径；同月，德国科学家通过大量实际观察和精确模型分析，正式提出壁虎在墙面灵活稳定爬行跳跃的关键机理。

2021 年 10 月，一只背着半自动步枪的机器狗在美国陆军协会年会上亮相，由机器人公司 Ghost Robotics 和枪械制造商 SWORD 联合打造。这款机器狗被命名为 SPUR（特殊用途无人步枪系统，Special Purpose Unmanned Rifle)。虽然其搭载步枪的载弹量、装填方式等细节都未公布，不过可以知道使用的是 6.5 毫米口径克里德莫尔弹（6.5 mm Creedmoor)。这种子弹专为远距离射击设计，可以让 SPUR 在 1 200 米范围内保持精度。Ghost Robotics 公司透露机器狗可以在远程指令下自动装弹、自动清理枪膛，但未说明能否自主射击。

2021 年 11 月，普林斯顿大学的研究团队在《自然》上发表论文，创造性地发明了“气泡铸造”法，使用花式“气球”制造软体机器人，这些花式气球在充气时会以可预测的方式改变形状。他们用这种方法来设计和创造可抓握的

"手"、能拍打的"鱼尾"和能抓回球的细长线圈等。

2021年6月，DARPA在2022财年申请预算中新增"仿生海岸防护"项目，该项目以"持久性水生生物传感器"项目积累的技术为基础，旨在开发人造与生物混合的、具有可持续性的珊瑚礁结构，为美国在低洼沿海地区的基地提供防护。项目关注的技术领域包括：微型生态系统内菌落相互作用的建模与分析，具有功能性与弹性的生物膜工程化。项目第一阶段，研究团队将开发高通量测试平台来表征样本，以验证建立的模型；第二阶段将在现实世界中验证研发的生物膜性能与功能。该项目研究成果未来可应用于无人潜航器减阻、无人机减阻与防腐、燃油箱防腐或抑制发霉等领域。

2021年11月，麻省理工学院的研究团队利用专门的纳米粒子创造了发光植物。工程师用一个LED给嵌入植物叶子的颗粒充电。一个LED灯给颗粒充电十秒钟，植物就可以发光长达数分钟。

2022年11月，墨西哥科研团队以硅酸钙（$CaSiO_3$）改性活性炭布（ACC）为原料，制备了用于羟基磷灰石（HAP）生成的新型复合物。用8摩尔硝酸在不同时间（15分钟和2小时）氧化活性炭布样品，以增加含氧功能基团。以5摩尔氢氧化钠为沉淀剂，$Ca(NO_3)_2 \cdot 4H_2O$和$Si(OC_2H_5)_4$为原料，采用化学共沉淀法制备硅酸钙粉体。将得到的粉末通过超声搅拌与乙醇混合，并将之前氧化的活性炭纤维搅拌30分钟，以使颗粒分散。一旦形成的化合物被干燥，样品将在36.5℃的锥形管中浸泡在模拟体液（SBF）的溶液中21天，以便在活性炭布/硅酸钙复合材料表面形成羟基磷灰石。结果表明，氧化时间的延长促进了活性炭布/硅酸钙复合物表面羟基磷灰石的形成，这种具有生物活性的复合物可能是一种潜在的骨再生材料。

2022年1月，美国塔夫茨大学和哈佛大学怀斯研究所研究人员在《科学进展》杂志发表论文，报告了该团队研发的促进生物组织再生的装置和药物。以自然无法再生肢体的成年青蛙为对象，研究人员使用由五种药物混合的药剂触发断肢再生，这种混合药剂被应用在一个可佩戴的硅树脂生物反应器帽（"生物圆顶"）中，密封断面24小时，之后经过18个月的断肢再生期，最终青蛙重新长出一条具有生物功能的腿。新长出的青蛙腿具有类似于天然肢体的骨结构，其内部组织（包括神经元）完整丰富，并且从腿的末端长出几个没有内层骨架支持的“脚趾”。这一事实表明，青蛙以及或许其他动物可能具备肢体再生能力，这种处于休眠中的能力可以被触发，未来该团队将继续利用哺乳动物等开展更深入研究。这一研究为实现复杂功能与结构的器官再生、伤残人员恢复奠定了重要基础。

2022 年 2 月，美国弗吉尼亚理工大学的研究人员在海星骨架内发现了一种新的结构——复杂且高度有序的微晶格骨骼系统。在微观尺度上，海星骨架呈现出规则排列的格子结构，达到无脊椎动物有史以来最高程度的结构规律性，与现代人类建筑常用的空间桁架结构相似。这种结构使得脆性骨骼呈现出高强度与柔韧性，并且在特定方向显著加强以提供增强的自我保护性，研究结果发表在《科学》杂志上。这一发现将为开发航空航天等领域的轻质高强陶瓷材料提供新思路，该团队正在使用 3D 打印建模并制造相似复杂晶格结构的大型样件来继续探索。虽然将新型高性能微架构陶瓷推向市场仍然面临诸多问题与挑战，但是该研究对机械工程新材料设计的前沿探索仍具有极大推动力，并且将对生物启发创新领域产生重大影响。

2022 年 4 月，美国普林斯顿大学和佐治亚理工学院的研究人员师法自然，设计出一种 3D 打印全新多孔结构，有望应用于轻型飞机发动机零部件和医用面部骨植入物等。这种多孔结构参照骨骼和木材等天然材料，具有调幅微结构的特殊孔隙，不仅可以降低材料的密度，还可通过拓扑优化来改变调幅结构的种类、方向和孔隙率等，实现各种零部件所需的力学性能和生物学功能（如可调节的孔隙、促进骨骼再生长等）。为验证新型微结构性能，研究团队已利用光固化 3D 打印技术，以调幅微结构为基础制作了几个原型件（包括旋轴喷气发动机支架和面部骨植入物）并进行了测试验证。

2022 年 11 月，韩国科学家开发了一种新型仿生义眼系统，不同于以往报道的仿生义眼只能被动接收外界光源，该系统可以模拟人类的光调节响应机制主动进行瞳孔和角膜反射，以从环境中接收适量的光来清晰地感知物体。为了成功模拟人类光调节响应机制及其生物相似信号传输，科研人员利用基于螺线管的人工眼睑模拟人类眼睑和电致变色器件模拟瞳孔，从而有效阻挡和衰减输入光，并过滤多余的光；同时利用嵌入式光子突触模拟视网膜和视神经。该仿生义眼系统代表了仿生假体平台的一种新发展方向，可以通过自我调节感受到的外部刺激强度来适应适量的刺激。

4.6 人体增强技术

4.6.1 发展现状

4.6.1.1 可穿戴技术

美国“勇士织衣”智能作战服处于研发测试阶段。“勇士织衣”智能作战服是一种全新的内穿型作战服，具有独特的技术性能特点。一是作战服上布满了小型传感器、功能结构件和制动器，负重智能分布于士兵全身，以减小作用力。二是多种可穿戴在士兵踝部、臀部、膝部和上身的核心部件，能在需要时自动变硬或松弛，以减轻负重引起的肌肉骨骼损伤；减少人体代谢消耗，增强人体机能，从而有效提高士兵负重能力。三是采用被动和主动控制技术，通过激发人体肌肉、肌腱和骨骼功能，利用与主动部件串联和并联的弹性元件储存和释放能量，并合理利用能量而不会有多余损耗，以降低能耗。同时还能为电池蓄电，重复使用能量来降低能耗。四是采用先进的防弹材料制成，柔韧性和灵活性好，且轻便、舒适、耐用。它还能与现有士兵作战服和装备兼容，可供美国陆军 90%士兵使用。

目前，DARPA、哈佛大学怀斯生物工程研究所、波士顿动力公司和 SRI 国际公司分别推出了各自的“勇士织衣”智能作战服样服，既有全身型样服，也有由臀部或踝部等组成的部件级样服。其中 SRI 公司的“超柔”（Super Flex）机械外骨骼由生物传感器、运动预测与性能增强算法、计算机与电池、驱动与控制装置、运动跟踪传感器和织物组成，穿戴者需要时启动电源便可精确完成规定动作。

美军已对这些样服进行了多轮测试评估，且这些样服在减小负重对士兵的作用力、降低士兵体能损耗、稳定关节等方面取得阶段性研究成果，并解决了舒适度和适配性等人因问题。从评估结果来看，身穿“勇士织衣”智能作战服的士兵背负27.7千克重物仍能正常行走，下一步将开展野外测试。在对哈佛大学样衣进行的3英里越野测试（包括公路、半崎岖小路和丛林地带）中，美军检测了士兵的步长和频率、肌肉活动及能力损耗等。

2012年以来，哈佛大学怀斯生物工程研究所的研究人员一直致力于仿生智能服研制，旨在采用新方案增强士兵人体效能。这种仿生智能服采用大量织带，内置低功耗微处理器和柔性应变传感器网络，通过模仿人体腿部肌肉和肌腱的动作，降低士兵肌肉损伤风险。怀斯生物工程研究所设计了臀部和踝部两种不同的柔性外骨骼，用于试验研究。研究团队还研制了与小型发动机交互的缆线和滑轮，从而在不影响穿戴者自由活动能力的前提下为其提供助力。

当前，可穿戴外骨骼技术已在微处理器和生物电传感器方面取得突破，其发展还面临步态稳定控制、多传感器数据融合、能源与动力驱动技术、轻质先进材料及优化控制算法等技术挑战；“勇士织衣”智能作战服的发展还面临先进控制、“技术—人员”接口与感知、损伤减轻与预防、人体机能增强等技术挑战。

4.6.1.2　机械外骨骼

人体机械外骨骼系统最早应用于军事领域，后进入民用领域，多以医疗和工业生产为主要目的，正在向负重能力更强、控制力和灵活性能更高的方向发展。

美国领先，俄、法、德等积极研发。美国军用外骨骼技术走在世界前列，早在20世纪60年代，通用电气公司就研制了最早的可佩带单兵装备“哈迪曼”，用于缓解士兵远距离负重疲劳，但效果不佳；之后，美国多个机构都相继在该领域获得进展，较为著名的有加州大学伯克利分校研发的下肢外骨骼机器人（BLEEX）、雷神公司推出的SarcosXOS系统和SarcosXOS2系统、洛克希德·马丁公司的HULC系统、哈佛大学的机器护甲（softExosuit）、西佛罗里达大学的海军潜水服（aquasuit）等，近期美国特战司令部的战术突击轻甲（TALOS）也在研发中，有35家厂商、实验室及学院参与，是全球首套钢铁人装原型。

同时，其他国家也在加紧研发，如法国某防务公司与法国武器装备总署联合研制的可穿戴式外骨骼“大力神”；德国研发的可穿戴式动力滑翔系统“狮鹫翼装”；俄罗斯于2009年研制的“勇士-21”和2017年推出的“未来战士”单兵系统等。

4.6.2 最新动向

2020年年初，美国陆军作战能力发展司令部化学生物中心在深入开展人机融合发展研究之后，发布《2050年半机器人士兵：人机融合及其未来对国防部的影响》研究报告。报告系统分析了人体增强相关技术进展，确定了2050年前有望实现的4项关键技术，并建议美军加大研究力度，推动装备部署。

2020年5月7日，美国国防部化生放核防御联合计划执行办公室宣布，与PhysIQ公司和亨利·杰克逊军事医学促进基金会开展合作研究，利用PhysIQ平台收集、分析可穿戴传感器数据，以便更好地了解新冠肺炎的病理生理学特征。该研究将使用可穿戴传感器数据以及人工智能远程连续监测患者的生理数据，预测疾病进展和早期感染迹象，识别有可能发展为严重症状的患者，并评估治疗新方法，指导最终临床决策。该项目计划跟踪数千名患者和高危接触者以及一线医护人员，帮助确定人员应该在家自我隔离还是需要住院治疗。

对外骨骼的技术研究一直在稳步推进。近年来，DARPA启动了“增强人体机能的外骨骼”（EHPA）项目，并设置了约5 000万美元的经费支持。加州大学伯克利分校在此资助下，完成了“下肢末端外骨骼”（BLEEX）样机的试验测试。BLEEX外骨骼是一种下肢外骨骼机器人，拥有两个拟人腿，单腿有7个自由度，整体质量约为45千克，穿戴者身着此装备，即使在负重35千克的情况下，仍然可以活动自如。这款外骨骼最大的突破是在每条腿上均大量集成了不同类型的传感器，可以实时获得人体的运动信息，并基于最小化人体交互作用设计控制策略，通过液压驱动关节运动，最大限度贴合人体运用规律。

BLEEX奠定了外骨骼技术的发展思路。在此基础上，军用外骨骼加速发展。到2009年，伯克利生物公司推出第三代HULC外骨骼，该设备的灵活性大大提高，使用者可以随意完成下蹲、匍匐等战术动作，且最大负载提高到

90 千克，最大爆发速度可提升至 16 千米/小时。美国 Sarcos 公司的 XOS 外骨骼动作灵敏度高，紧贴身体表面的传感器能直接感应到穿着者的动作幅度和力度，电脑通过计算后实时控制相应的液压动作器输出合适的幅度和力度。2020 年 1 月，最新版本的外骨骼交付用户，续航时间长达 8 小时，可辅助举起 90 千克的重物。

除美国外，其他国家也在加紧研发军用外骨骼装置。例如，德国在研发一种可穿戴的动力滑翔系统——狮鹫翼装。俄罗斯莫斯科国立大学在俄国防部的支持下，也在开展旨在减轻军人体力负荷的外骨骼机器人的研究，主要研究内容是加强装置的腿部及腰部等负荷能力，提高双手灵活性以及配置相匹配的防弹罩，以期在防爆反恐方面能够有用武之地。

人体增强技术中，可穿戴设备及人效增强药物是主要研究热点。2021 年 2 月，美国加州大学圣地亚哥分校工程师开发出柔软有弹性的皮肤贴片，可将其戴在脖子上，以连续跟踪血压和心率，同时测量佩戴者的葡萄糖、乳酸、酒精或咖啡因含量。

2021 年 2 月，美国空军研究实验室研发的“人体工程弹性优化”（HERO）训练新方法，通过数据收集、参数确定、数据分析进行改进和验证，从而更为有效地提高人体效能。项目组首先在亚拉巴马州亨茨维尔市警察局开展了这种训练技术的测试工作，跟踪参与者通过数月内的训练情况来评估训练方法的有效性，受试者在训练中需要执行多类需要体力、集中、专注、回忆和决策能力的任务，包括在执行脑力任务或执行复杂机械任务的同时进行体育锻炼。研究发现，参与者的技能和完成时间均有所提高，表明参与者在认知和生理方面均显著进步。这种训练方法不仅可以用来提高飞行员的训练表现，还可以减少特殊任务训练时间，帮助飞行员在战场上遇到高风险情况下仍能更好地完成任务。

2021 年 3 月，加州大学圣迭戈分校研究发现，通过基因编辑使与疼痛信号有关的基因沉默，某些类型的疼痛可以被预防或逆转，而且不会产生明显副作用，有望为慢性疼痛患者提供比阿片类药物更安全、更持久的选择。

2021 年 3 月，美国陆军宣布授予微软公司价值 219 亿美元的“综合视觉增强系统”生产协议，要求其在十年内向陆军交付12万台增强现实头盔。“综合视觉增强系统”是以微软公司混合现实头戴式显示器为基础的军用级增强现实头盔，旨在提供增强的态势感知、目标瞄准和知情决策能力，应用于作战、演练和训练。这标志着该项目从快速原型设计阶段进入生产制造和快速部署阶段，将为美国陆军“近距离作战部队”批量配备增强现实技术，提供更强的态势感知能力、团队指挥能力和军事训练能力。美国陆军要求微软公司生产的“综合视觉增强系统”被认为是一种“作战—预演—训练”系统，具有战斗力倍增器的作用，不仅能够使作战人员看到战场环境的增强显示信息，迅速调整作战策略，在快速变化的战场环境中谋求“先敌一步”；也可通过构建基于增强现实等技术的高度逼真虚拟战场，使作战人员在部署前掌握作战地域情况，提高军事训练效率和杀伤力。

第 5 章　军用生物技术典型应用

近年来，美国实施了“生物监测计划”“生物盾牌计划”“生物传感计划”等生物计划，2013 年发布了为期 10 年的脑科学研究计划。DARPA 从 2003 年开始在战略规划中将生物技术列为优先发展的重点之一，2014 年成立生物技术办公室，统一管理原来分散于各办公室的生物技术项目。当前军用生物技术已在新型武器装备目标识别和敌友判断、智能定向武器侦察监视传感器、后勤保障装备能源供给、大型生物计算机研制、未来战士单兵可穿戴设备、生命体组织修复和战场救护等多个领域展示了广阔的应用前景。

当军用生物技术进入军事领域之时，武器的发展便突破了过去的极限，精确到直接对目标的功能性蛋白进行打击。传统意义的边界保护已不再适应新的生物时代，生命微观空间将会形成新的由军用生物技术进行保护和防御的边界，称之为“生物微边疆”。

由于世界局势越来越复杂，现代生物科技不断突破，生物领域的国家安全也成了各个国家无法忽视的热点。要想保障国家的生物安全，就要及早对新的生命微观空间进行思考，及早认识军用生物技术带来的不良影响。国际的生物局势有着危机范围广、伤害巨大化、研究多样化的特性。20 世纪签订的《禁止生物武器公约》无法真正落实，一些国家和组织依然在研究着违背条约的武器，生物武器的危害从未远离我们。细菌和病毒不断地传播、变异、进化，使得传染病带来的威胁越来越大。同时还有一些环境问题时有发生，导致物种灭绝的问题也越发严重。国际社会也开始重视生物科技带来的困境。

由于受到各国间竞争越发激烈、全球军事科技水平不断提高以及恐怖组织威胁等情况的影响，军事生物科技带来的危害也开始越发明显。现阶段的生物攻击很有可能就是突如其来的针对人种的传染病，这样的攻击很难与普通疫情区分开来。新的致病微生物将带有传播速度快、发作慢、致病率高的特点，通过制作新的传染病，不仅对个人健康造成伤害，还对社会稳定造成巨大的打击，达到对敌人的削弱效果。

5.1 用于战场侦察和环境监视，推动战场态势感知能力提升

利用生物在某些方面的特性研制出高灵敏度、高视场的战场监控、感知设备可以显著提升战场态势感知能力。国外研究人员通过研究蝮蛇、甲虫和蝴蝶等对热非常敏感的动物来研究生物电子执行器。蝮蛇的吻部有一些气孔，似乎能够收集温度信息，分辨能力可以达到几分之一摄氏度；蝴蝶的翅膀可以采集阳光并发现环境中温暖的地点，某些甲虫已经被证明能够探测到 2 千米外森林火灾的能量。目前已对这些生物进行了深入的研究。设计和建造低成本、灵活、高灵敏度的红外传感器，可应用在目标识别和敌我判断装置上，提高战场环境下的侦察监视等态势感知能力。

生物传感是使用对生物物质敏感的传感器将物质浓度转换为电信号进行检测的技术，主要实现感受、观察、反应三个功能，广泛应用于医学、生物芯片、环境检测、军事监测等领域。美国等军事科技强国正着力推动生物传感技术向着实用化方向迈进。美国研发新型生物传感材料实时监测环境变化。DARPA 持续推进水生生物传感器项目以监视水下区域。

DARPA 设立仿生海岸防护项目强化沿海基地。先进植物技术（Advanced Plant Technologies，APT）项目旨在开发下一代可以检测和报告化学、生物、核辐射和炸药等物质的持久性地面植物传感器，如图 5－1 所示。这种植物传感器可以广泛部署，通过光合作用自主供能，利用植物固有的机制来感知感兴趣的信号和响应环境刺激，大大降低传统传感器在部署和维护过程中的风险。

麻省理工学院研发出一款软机器鱼——SoFi，研制该款机器人的目的是在产生最小的破坏性的前提下，能够近距离观察所有的水下生物。软机器鱼 SoFi 的尺寸和行为与真实鱼类很相似，并且它不仅仅是一个概念上的仿生机器鱼，也是一个真正的研究工具，其控制系统很好操作，并且电池的实用性也很高。潜水员使用防水游戏控制器与超声波机器人进行通信，机器鱼能够将高级别的

图 5-1　APT 项目概念示意图

方向性命令转换为可执行的 3D 轨迹。此外，其电池的使用寿命长达 40 分钟，对比大多数潜水员只能在水下不超过 1 小时，40 分钟的使用时间已经非常不错了。

SoFi 在移动方式上或多或少地与真实鱼类相似。它的主要驱动力来自尾部，其驱动频率在 0.9 赫兹到 1.4 赫兹之间，其最高速度可达到每秒 21.7 厘米。此外，通过改变向其尾部左右两侧油泵装置中注入油量的多少，可以使 SoFi 像真实的鱼尾一样左右摆动。机器人专家已经将 SoFi 带到了斐济岛，在真实世界的条件下对其进行评估。斐济岛有很多珊瑚礁以及不同的潮汐，在这些条件下，可以研究海洋生物与珊瑚礁的生物群落之间的相互作用。三天内，SoFi 共进行了 6 次潜水实验，总共花费了 240 分钟。在此期间，潜水员从距离 SoFi 10 米的后方控制它，试图将其引向海洋生物群当中。研究人员发现，SoFi 并没有吓到附近的鱼。尽管还需要进行更多的实验，才能找到究竟什么样的机器鱼会对真实的事物产生影响，但研究员希望能够与众多专家合作，从而研究更广泛的水下生态领域。此外，他们还在研究鱼类的视觉追踪方式。

生物计算机能大幅强化战场联合指挥作战系统。现阶段生物计算机通过仿生技术进行实现，用蛋白质分子制作生物芯片来取代传统的硅制芯片。信息通过波的形式传递，每当波沿着蛋白质分子链传递的时候，就会导致蛋白质分子链中单键、双键构造的改变。若是得以实现，生物计算机的计算速率要比现在最先进的计算机快 10 万倍，而且由于它的生物特性，还附带极强的抗电磁干扰能力，并且完全无视来自电路的影响。其对于能量的需求更是远远少于现在的计算机，并且数据容量也大大增大。此外生物计算机由于其生物特性，还有可能具备自我调节和自我修复的功能，未来还能尝试对人类大脑进行模拟等。而一旦生物计算机运用在军事上，指挥中心的计算速度将会有极大的提升，而单兵自带微型计算机也将成为可能，并且具有造价便宜、战场适应能力强的优点。

脑机接口技术的发展在未来将会大幅增强战场的通信能力。荷兰一名无法控制呼吸和眼球的渐冻症患者，通过在大脑植入设备，使其可以用大脑控制屏幕进行打字，进而与人交流。而这种功能若是运用于战场之上，让战士能用大脑而不是言语进行交流，将大幅提高军队通信指挥能力。据国外媒体的消息，美国国防部正在实验一种特殊的头盔，其内部安装有“读心”仪器，在紧要关头，头盔便能读取你的思想，把你的思想转化成信息电波，传输给其他己方人员，来提高团队的战斗力，并且若是士兵拥有这样的通信方式，战场上就能长时间地保持安静作业，只通过头盔产生电子信号传递自己的想法给战友来保持联系，以避免作战时由于发出声音而导致任务失败。战场指挥中枢的决策最根本的决定因素来源于获得的情报。知己知彼，百战百胜。情报对于军事的重要性不言而喻。

认知神经技术的发展，使得战场情报分析能力有了一个大幅的提升。人类军事侦察科技的飞速进步，也带来了极为复杂的图像信息，给肉眼对战场情况进行侦察分析带来了巨大的困扰。DARPA 正在赞助一个神经技术提升情报分析（Neurotechnology for Intelligence Analysts）计划，该计划通过对脑电信息进行分析，创造出了一种新型的脑—机接口系统，用来增强人类对图像数据的分析能力。人类大脑感到兴奋之时，大脑内会生成与之相关的电位，通常来说会有 0.3 秒的延迟。通过超过 40 位专业图像分析员参与的评估，与传统的分析能力相比，在不影响检测精度的同时，神经技术提升情报分析系统是传统方法效率的十倍。

当指挥中枢其他情报来源失灵时，士兵们就需要用肉眼来分析战场情况。由于肉眼的种种局限性，对于大范围的侦察事实上还是有很多困难和阻碍的。当前用于实践的单人用侦察装置有双筒望远镜、摄影机和便携式雷达等。这些装置能显著提高可见度以及侦察到潜在威胁的概率。然而，直到现在使用这些装备时还是会有近一半的概率影响侦察效果。DARPA 最近公布了一款电子望远镜，名为认知技术威胁告警系统（CT2WS）。该系统通过利用脑电波、新型传感器和特殊算法，开发单兵便携式视觉威胁侦察设备，以此增强士兵们对威胁的感知能力，降低作战侦察时的意外伤亡可能性。认知技术威胁告警系统的原理基础是：人类天生对威胁就很敏感。就算人类不去感知一些突发情况和特别事物，人类的大脑也会自动感知，并在大脑中制造一种相关的电波。该系统所制造的新型装备，可以辅助携带者对情报进行扫描和简单分析，强化人类大脑自身对威胁的反应，使得战场上进行侦察的战士能够快速对情报和威胁做出处理，并且能更全面地搜集情报，提高指挥中枢对情报的获取能力和获得的情报质量。

自 2007 财年以来，DARPA 先后部署了 CRISPR 病原体检测仪（Gene Editing Enabled Diagnostics & Biosurveillance）、作战人员化生防御装备（Personalized Protective Biosystem）、大规模恐怖威胁防御（Defense Against Mass Terror Threats）等 29 个生物威胁检测与防护项目，共投资约 19.63 亿美元，以提高美军的战场生物威胁检测与防护能力。随着分子生物技术的发展，自 2016 年其开始重视生理干预技术，投入 2.37 亿美元，部署了多重耐药性微生物感染治疗、多重耐药细菌治疗（Combatting Anti - microbial Resistant Pathogens）、聚焦医药（Focused Pharma）、生物停滞（Biostasis）和宿主耐受（Technologies for Host Resilence）等 6 个项目。在人体效能增强技术方向共投资 3.38 亿美元，提升作战人员的环境耐受性、恢复力和生存能力。自 2017 年以来，生物威胁检测与防护、人体效能增强两项的财年预算均呈逐年上升趋势，但在 2021—2022 财年生物威胁检测与防护方向投资有下降趋势。

自主诊断预防与治疗技术（Autonomous Diagnostics to Enable Prevention

and Therapeutics，ADEPT）项目在财年预算中分为基础和应用研究项目，2011—2018共计投入3.07亿美元。该项目主要研发信使核糖核酸（mRNA）疫苗，减少疫苗生产所需的时间与人力，提高疾病防护能力。2013年10月，资助莫德纳公司2 500万美元研发mRNA制剂平台，研究可使mRNA制剂直接进入人体自然产生抗体的技术，人体无须接触减弱或灭活的病原体，就可产生抵御新发传染病和工程化生物威胁的抗体。DARPA近年来部署的流行病预防平台（Pandemic Prevention Platform）和全球按需核酸制备（Nucleic acids On-demand Worldwide）项目即是基于ADEPT项目的研发成果。目前该mRNA疫苗已用于针对流感病毒、寨卡病毒、巨细胞病毒和基孔肯雅病毒等传染性病原体疫苗的研制。

大规模恐怖威胁防御（Defense Against Mass Terror Threats）项目在2015—2022财年共计投入1.79亿美元，旨在开发新的传感器网络，可经济、可靠、广域地监测大规模杀伤性武器威胁，降低城市和人口密集中心的化生放核爆（CBRNE）危险，包含“SIGMA”和“SIGMA+”两个子项目，旨在利用传感、数据融合、分析以及社会和行为建模等技术开发和演示实时持久的CBRNE早期检测系统。

第一阶段将开发可远程探测数百种微量水平化学物质的化学和爆炸物预警设备，开发实时探测各种病原体痕迹的传感器，实现提前数天或数周监测生物攻击或重大疾病暴发；第二阶段开发实时持久的CBRNE网络监测、分析和集成系统。2016年年初，在华盛顿特区部署1 000个传感器，测试系统可融合所有传感器数据，建立核威胁的实时态势感知。2020年1月，团队研发先进生物威胁联网传感器、CBRNE威胁假设多信息警报系统（MATCH），利用多数据源以及数据融合、建模、模式匹配和机器学习，检测和识别CBRNE威胁迹象。同年8月，进行了先进化生传感系统部署，首次将化生传感先进实验室级仪器成功部署为移动传感器，1周内传感器平台释放并跟踪了5种安全化学品。

在DARPA 2007—2021财年部署的85个项目中，有少数项目完成了产业化发展。生命铸造厂项目后期部署的战场医学子项目开发了自动化的流动化学仪器，可在条件艰苦的环境下按需生产药物，降低了前沿部队的药物运输需求。Make-It 项目开发了合成已知分子的先进方法；2016 年开发了可合成苯海拉明、利多卡因、地西泮（安定）、氟西汀 4 种药物的装置；2018 年成功制造出与现有药物产品几乎相同的粒细胞集落刺激因子（Granulocyte Colony-Stimulating Factor，GCSF）等化合物；2019 年 11 月，进行按需生物衍生药物（Bio-MOD）系统试验；2018 年 6 月，Make-It 子项目开发了分子设计与合成的软硬件，开发了可“随时随地”生产特定分子的设计与 3D 打印便携式软件，利用大型化学反应数据集训练机器学习算法，快速设计新颖分子路径。2020 年 2 月，美国卫生与公众服务部启动首家生物技术铸造厂，转化应用战场医学和 Make-It 两个子项目的药物制造关键技术，聚焦小型便携式药物制造自动化设备的演示验证，实现在灾区就地制造必需药物。

SIGMA 项目使用 100 多个传感器进行演示，测试表明系统可融合所有传感器数据，建立实时核威胁态势感知。2016 年 11 月完成智能手机辐射探测器的测试；2017 年 2 月完成车载辐射探测系统部署测试，证明其可在城市范围内检测放射性和核威胁；2019 年 7 月，在“印地 500”汽车赛赛场部署固定式和手持式“SIGMA”放射性传感器、“ChemSIGMA”化学传感器和国土安全部生物传感器；2020 年 1 月，研发先进生物威胁联网传感器、CBRNE 威胁多信息警报系统，利用多数据源以及数据融合、建模、模式匹配和机器学习检测和识别 CBRNE 威胁的迹象；同年 8 月，进行 1 周的传感器网络试验，收集 5 个社区超过 250 小时日常生活大气数据，训练算法更能准确检测化生威胁；同年 9 月，证明了传感器的联网能力，并可同时大规模监视多个威胁；2021 年 1 月，将 SIGMA 系统压缩为便宜的移动电话大小的网络化设备，成为美国国家安全基础设施。

5.2 用于机载芯片和复杂电路，助力武器装备小型化和智能化

生物电子学一方面是将电子学用于生物领域，使其研究方式更加精确和科

学；另一方面将生命过程中揭示出的许多规律，特别是将生物信息处理的优异特性借鉴于电子和信息学，使电子和信息学发生革命性的变革。生物计算具有生物体的一些特点，如能发挥生物本身的调节机能，自动修复芯片上发生的故障，模仿人脑的机制等，其将突破传统计算机空间、散热、并行等物理极限，有可能掀起军用计算机的一场革命。

近年来，生物电子技术的发展速度明显加快，生物芯片、DNA 电路等多项成果问世，为新型电子信息装备的研制奠定了基础。2012 年，美国斯坦福大学的研究人员成功使用 DNA 构建了可擦写数字信号存储器，并开发出能在细胞间传递遗传信息的机制，2013 年该团队构建了一种“生物晶体管”，通过它在活细胞内构建出 6 种基本电路进行逻辑运算，这些发现将为未来创建细胞计算机奠定基础。2013 年，美国麻省理工学院和哈佛大学的科学家利用 DNA 构建出具有独特电子特性的石墨烯纳米结构。2015 年，美国哥伦比亚大学的科学家研发出首个生物供能的电脑芯片，它由生物组件和固态电子组件构成，这一成果将引发新一代“半机械”生物芯片的产生。

微系统广泛应用于仪器测量、无线通信、电子元器件等军事国防领域。生物芯片尺寸小、计算效率高、热量低等特性尤为适合制造机载、弹载芯片和电子元器件，用于设计弹载计算机、导引头等高精度电子设备，可以提高武器装备的小型化和智能化水平。DARPA 微系统办公室先后组织实施了自适应焦平面阵列、微机电系统、光纤激光器等上百项与先进微系统技术密切相关的研究开发计划。单链 DNA 直径为当前 14 纳米制程的芯片的 1/10 或更小，研发基于 DNA 折纸术的 DNA 芯片，有望研发出比传统芯片快 10 倍以上且成本更低的芯片。美国科学家利用向 DNA 内部插入柯喃因分子研制出当前全球最小的 DNA 二极管。

当下，武器装备逐步变得更便携、更精确、更智能。传统武器装备都是奔着更大杀伤力而去，带来的代价就是成本越来越高，带来的后果也可能越来越严重。现代军用生物技术带来的成果，对传统武器装备的性能和使用方法将带来极大的变化，也带来了不同于传统的相对更加人性化的战争。

以脑科学与认知神经科学技术发展而带来的大鼠机器人为例。大鼠具有敏锐的嗅觉，且因其体型小巧，在排雷救援等方面具有很大的优势。但当前的奖赏训练工作既耗时又费力。利用脑—机接口技术，直接获取大鼠嗅觉信息，以取代传统的奖赏训练模式，可以快速而高效地对环境气味信息进行识别。研究表明大鼠嗅球区对不同气味会产生特定响应。麻醉和清醒状态下的信号解码结果显示了该方法的可操作性和稳定性。与已经较为成熟的大鼠机器人系统相结合，可实现环境气味辅助的大鼠导航机器人，仅需短时间训练，即可在复杂环境下进行对特定气味源的探寻工作，高效而便捷。

当前新兴的脑机接口技术利用在脑与机器之间建立起直接的联系，通过对大脑神经信号的直接获取和分析，使得我们对大脑功能的研究进入了一个新的纪元，同时也为大鼠机器人的开发提供了新的技术手段。将脑机接口技术应用于大鼠机器人系统的开发中，既可以如之前的系统一样通过电刺激大脑的方法实现对大鼠运动行为的人为操控，也可以通过对相关神经信号的读取直接获得大鼠的感觉信息。

当前的大鼠机器人系统已日趋成熟，利用实验室新研发的转向控制机制，可以在几乎无须训练的情况下快速实现复杂三维地形的导航。但该系统局限于单向信息传输，即只能在操作人员可视范围内进行遥控操作，这给实际搜寻造成很大的困扰。大鼠敏锐的嗅觉是其生物智能本身的优势，其灵敏度甚至高于现有的探测仪器。将此嗅觉采集系统与大鼠机器人系统相结合，利用其本身的嗅觉天赋作为环境信息反馈，辅助导航，可以实现对目标气味源的远程遥控探索，在复杂狭小环境的探索、环境侦察和排雷等作业上均有巨大的优势。

同时，由于人类对嗅觉系统的研究和生物传感技术的进步，电子鼻技术也随之出现了。电子鼻技术是对动物嗅觉器官的仿生学研究得来的气味敏感型传感技术，该技术能做到长时间地、不间断地、全面地对目标区域的气体进行侦察。相较于传统的气味分析技术，如气相色谱法、质谱法等，电子鼻反应更加迅速、简单且性价比高，在民生、医学、军事方面都有很大的应用前景。对动物的敏感嗅觉进行仿生是电子鼻技术发展的重要来源。该技术的重要因素就是气敏传感器阵列，所以通过对动物的嗅觉器官进行研究来制作敏感的、安全稳定的气味识别传感器对电子鼻技术的研究有着重要意义。军事上，生物传感器的发展可协助探雷、目标的探测和追踪、敌我识别、生物和化学制剂检测等方面有进一步的突破。

随着科技的进步，人脑的极限所带来的限制越来越制衡着科技的发展，因此对指挥系统的智能化也有了更多的期待。

2016年12月29日开始，短短7天，一个名为“Master”的神秘账号在多家网络围棋平台完胜了60名世界顶尖围棋高手。其中包括柯洁、井山裕太和朴廷桓等中日韩三国最强选手，以及“棋圣”聂卫平、八冠王古力等，颇有独孤求败之势。2017年1月4日晚间，“Master”亮明了身份，它就是“阿尔法狗”(AlphaGo)。终于，人工智能也因此成了时下最炙手可热的“技术之星”。甚至有人断言，人类进入智能时代。智能化和生物化的有机结合和相对应的军事需求，带来了新型智能生物化指挥系统。它的目的旨在帮助战场上一些战略战术、突发状况等进行谋划和处理。

仿生学出现以后，人类从动物各项功能中获得了许多灵感，帮助我们更好地适应自然和改造自然。类似于蚂蚁这样的群居生物的群体行为，是许多科学家为了实现智能化系统而进行研究的目标。由简单个体所组成的蚁群，却能处理好自然中面对的各项复杂情况，其中蚁群系统的重要性，确实值得人类去仔细研究。

尽管蚂蚁作为个体生命没有复杂的智能，然而许多只蚂蚁构成的群落却能在复杂多变、危机重重的自然环境中一直延续至今。每一只蚂蚁都能完成一些简单的任务，比如搬运、移动、交流。一旦发现困难无法单独解决，就会发动蚁群的力量去完成任务，帮助种族的延续。

一些实验室开始通过对一群蚂蚁进行研究解决指挥系统智能化的困境。个体的蚂蚁和指挥中枢下属的军事单位类似，作为个体能完成一些简单任务。经过对蚂蚁群居情况的研究，研究人员把蚂蚁形容为能完成简单任务、自由移动、互相交流的低智能个体。以此来模拟较低智能个体通过团队合作完成困难任务的情形。科学家期待可以利用蚁群的系统性分工合作等情形，创作出一种新型智能化集群控制系统。

新型生物化智能指挥系统的原理就是对于群居昆虫比如蚂蚁这样的简单生

物的机理，模拟其简单个体合作完成复杂任务的机制。此系统的目标是不仅要具备传统系统情报分享等特点，还要能通过智能系统将各个军事单位组合起来完成大规模复杂任务，并且保证其可靠性和自我组织能力。

在复杂多变、突发情况多的战场上，对于生物系统的仿生有很大的研究价值。通过对生物群体合作延续种族、进行争斗等特性的学习和模仿，我们可以学会对风险的趋避，提高对各种复杂情况的预判能力，强化决策能力。脑科学是 21 世纪最有发展前景的学科之一，通过对脑科学的研究，能大幅提高机器智能化水平，让智能指挥系统更加全面、理智地帮助指挥官进行决策部署，它在未来战场上的表现值得所有人重视。

生物科技的发展为现有武器系统的改进、新的生物武器和新型生物装备的研制提供技术支持，新式武器由于军用生物技术的支持也会涌现，比如已经有一些眉目的针对不同人种有不同打击效果的基因武器，其威慑力也必将超乎人们的想象。军用生物技术的发展将大大提高武器装备的性能和生存能力，并提供一些具有特殊功能的新式生物作战武器，比如非致命性武器、反装备型技术，或是研发特殊生物军团代替士兵冲锋陷阵。这些新式武器也为未来战争的转变提供了物质基础。

军用生物技术的发展产生的生物色素等生物材料，将对战场感知、信息获取及处理等产生重大影响，有力地推动侦察探测、信号处理、快速机动等能力的提升。生物技术与电子技术的融合一定会促进军队指挥自动化、武器的精确制导及军事情报的获取等方面有进一步的突破。

生物芯片将使计算机运行速度大大提升，还将逐步具备人脑的部分能力，比如智能水平的进一步提高和快速应急反应，并且由于其生物特性，天生就有极强的抗电磁干扰能力，能大幅增大军用计算机适用范围。使用生物芯片的计算机有利于提高军队的指挥能力，帮助指挥员做出决策，促进信息流通，并使得计算机微型化，成本降低，能普及战时每一个士兵，使得战时指挥更加快速便捷。

军用生物技术将引发武器装备性能的变革。在新型武器装备上，目前已经研制出了结合生物工程和纳米技术的“微型机器人”、能够对敌方武器装备造成损伤和传染的“反装备战剂”等。此类新型生物化武器能够在战争中精确且人性化地对敌人实力进行打击。在制造材料方面，美国目前已可以分离蜘蛛中关于吐丝的基因，通过基因工程等手段大量生产一种特殊蛋白，浓缩后得到一种高硬度纤维，能用来制造防弹衣等高强度需求的单兵装备；利用“变色蛋白纤维”生产制作而成伪装类服装或生物颜料等，能使己方作战人员及装备的隐身效果显著提高，更好地保护己方实力不受攻击。据报道，美军已利用变色蛋白质纤维做成可随环境变化而自动变色的布料。在装备能力方面，通过对海豚外形模仿而建造的新型核潜艇的速度比普通核潜艇要快大约五分之一；通过对海豚外皮进行仿生研究用于外表上，可以大幅增大鱼雷的射程和速度；通过模仿鳃鱼和电鳗两种鱼的运动原理，研制一种新型“皮动”潜艇，以此来模仿鱼类迷惑敌人。

DARPA 在前期大量部署了生命铸造厂（Living Fountries）、生物计算平台（Biological - Computational Platforms）、体内纳米平台（Invivo Nanoplatforms）、分子系统和材料组装（Molecular Systems and Materials Assembly）、纳米/仿生和超材料（Nanoscale/Bio - inspired and Meta Materials）和血库（Blood Pharming）、认知技术威胁预警系统（Cognitive Technology Threat Warning System）等生物材料、血液补给等项目，近 5 年开展了海岸防护（Reefense）、大气中水提取（Atmospheric Water Extraction）、按需生产食品和原料（Food and Feedstocks on Demand）、野外全血替代品（Fieldable Solutions for Hemorrhage with bio - Artificial Resuscitation Products）、重塑蛋白质制造（Reimagining Protein Manufacturing）、环境微生物工程资源（Environmental Microbesasa Bio Engineering Resource）等项目研究，将全面提升美军的材料、能源、食物等自主后勤补给能力。作战生物技术方向投资 2007—2017 财年一直呈上升趋势，并在 2017 财年达到最高，2018—2021 财年有所下降，直到 2022 财年有增加趋势。

生命铸造厂项目在财年预算中分为基础研究和应用研究两个项目，2011—2019 财年共计投入 1.94 亿美元。项目基于生物体的新型材料设计、制造技术，利用合成生物学技术，以自然界已有物质或合成物质为基础，构建基于生物体的新型制造平台，将生物设计、研发、制造过程转变成工程设计过程，通过对自然生物的操纵获取原创性的新材料、新器件、新系统和新平台，实现军用高价值材料和设备的“按需设计与生产”。2011 年资助 Amyris 公司 250 万美元；2012 年授予田纳西大学等 4 个机构 1 645.3 万美元合同；2013 年资助博德研究所 700 万美元种子基金；2014 年启动生命铸造厂——千分子项目；2015 年，授予哈佛博德研究所 5 年 3 223 万美元合同，麻省理工学院 18 个月 1 927万美元合同，开展生命铸造厂 2 期千分子项目。该项目已开发了多功能生物合成平台，实现生物合成设计时间缩至 1 天，生物制品的设计与生产提速 7.5 倍，可生产低成本耐高温涂料以及喷气式飞机和导弹燃料等材料（可生产 1 630 余类分子），已向各军种转化高能燃料、热稳定聚合物、高性能复合材料、生物衍生分子激光护眼罩、生物合成燃料、车辆装甲黏合剂等超常材料生物合成技术。

5.3　用于复杂系统建模仿真计算，催生新一代武器装备

随着武器装备系统朝着信息化、复杂化的方向发展，大型复杂系统的建模仿真计算对计算机的计算效率和容错水平提出了更高的要求。相比传统计算机，生物计算机一个存储点只有一个分子大小，具备强大的记忆功能；运算速度是传统计算机的 100 万倍，计算速度快；一个蛋白质分子就可以作为一个存储体，阻抗低，电路间无信号干扰，能耗低；生物芯片可以发挥生物本身的调节机能，具有自愈性；具有模仿人脑思考的机制，具备较高的人工智能，具有密度超高等特性。基于蛋白质、DNA 和 RNA 的信息处理与存储材料有望促进新型计算技术和信息科学技术发展，研发出基于生物计算机的大型建模仿真软件，提高武器系统建模仿真的效率和水平，提升建模仿真系统的逼真度，助力催生出新一代武器装备。

生物计算是当前推进军用生物技术创新的基础性使能技术。通过大规模、多类型的数据和信息的存储、管理、获取以及计算技术支撑，生物计算技术为军用生物技术创新提供必要、高效的数据支撑。以美俄为首的军事强国正通过

多个项目推动生物芯片和生物存储技术研究。俄罗斯与多国合作提出新型生物芯片概念。2020 年 6 月，俄罗斯罗巴切夫斯基州立大学与多国科学家合作，提出了一种“忆阻性神经混合芯片”的概念，这种芯片可用于紧凑型生物传感器和神经假体。该概念是基于神经细胞和微流体技术组合的前瞻性解决方案，这种解决方案使“空间有序活动神经网络”的植入成为可能。美国利用蚕丝蛋白实现高容量生物存储。2020 年 8 月，美国纽约州立大学石溪分校与得州大学奥斯汀分校等高校合作，实现了基于蚕丝蛋白的高容量生物存储技术。这种存储技术以生物兼容性好、易于功能化、降解速率可控的天然蚕丝蛋白作为信息存储介质，近场红外纳米光刻技术作为数字信息写入方式。

生物计算技术在信息安全领域得到了充分重视，基于 DNA 的计算原理已经在理论上先后破解了多种经典密码体制。2012 年 2 月，美国和以色列学者将 DNA 计算应用于图像保密通信领域，研制出能加密与破译图像的生物计算系统；2012 年 5 月，英国利兹大学和日本东京农工大学研究利用磁性细菌制造与传统计算机元件类似的微小元件，未来有可能利用这些细菌建造生物计算机。

根据生物学原理设计的仿生计算系统一直受到重视，仿生计算系统具有自学习能力，能够在运行中积累经验，发现数据之间的深层次规律。美国 IBM 公司在 DARPA“突触”项目的资助下，研制出新一代神经形态计算机芯片“真北”，该芯片包含 54 亿个晶体管、100 万个可编程神经元、2.56 亿个可编程突触，形成一个网状结构，是近十年来相关领域研究取得的最重大进展。“真北”芯片将可能给云服务、智能手机、机器人、物联网、超级计算机等多个领域带来重大变革。

在地球生命数亿年的历程中，自然界各物种在复杂的环境中，形成了各式各样的外貌和不同的功能器官，这些不同往往都严格符合着物理学定律却又可以拥有超乎我们想象的能力。

自然界物种的多样性是军事科技最好的创新源泉。生物仿生是通过对自然界物种的外形、功能等进行研究，并通过材料仿生、能量仿生等技术手段，来达到提高军队战斗力的目的。飞行器、海军舰艇、战车、雷达、导弹、机器化动物等武器装备，以及夜视、反雷达、静默系统、高强度等科技也都是从自然界得到启发。如通过对苍蝇的平衡系统进行研发而得来的振动陀螺仪，便可装载在飞行器上来实现自动驾驶的功能；通过研究毛虫蠕动方式而对坦克运动方式进行改造，使其在不适合的战场也能保持战斗力；通过研究贝壳类生物的外壳，便能对士兵防护衣和坦克等设备装甲外壳进行强化等。

仿生研究已成为世界级科学发现、科学突破的重要环节。从自然界生物的行动中得到启发，找到自然界生物的天然优势，对物理学、化学、生物学等学科进行融合发展，让各学科专家都产生了巨大的兴趣，引领了仿生学更新传统材料的热潮。不管是昆虫刚毛带来的特殊浮力，还是荷叶边缘梯度的限流，或者是一些飞行昆虫翅膀自带的防水功能，实质上都是表面能有机组分材料的规则与不规则等微纳米结构的无限特殊结构功能，特别是通过微纳米结构梯度特征组合的研究，发现了生物外表材料的特殊性能。其材料在军事装备、生物医学、海洋工程、航空航天等领域都有广阔的应用前景，对军事装备上微流控制、热转换器件、水收集、防覆冰等研究困境的研究有着十分深远的影响。

仿生技术带来的生物材料技术还能研制出轻质量、性能好、性价比高、污染小的不同生物材料。通过对蜘蛛吐的丝而进行仿造研究所生产的特种钢，它的硬度远远胜于普通钢铁；而研究出的“变色蛋白纤维”所生产的生物涂料，可以用于军事设施、武器装备、指挥平台等，将极大地增强它们的隐蔽性。一些报告显示，美国已利用变色蛋白质纤维技术研究出能够适应不同背景而自动变色的布料。

现在人类对仿生的研究还只是在物质化仿生这一领域有所突破，而在能量仿生等方面的研究还只是刚有一点头绪而已。生物仿生技术不仅能超越人类目前想象力的极限，在未来军事上的运用还有无限的可能性。

现代生物技术是新概念武器装备的重要技术来源。由于针对人的传统致命性生物战剂受到越来越多的伦理约束而不能使用，因此加快研发针对武器装备的新型非致病性生物战剂越来越重要。

军用生物技术指人类将现代生命科学作为中心轴，再把其他学科融合进来，通过现代科技的方法，对生物体或者其他器具进行有计划的改造，来让人类实现更好地改造自然的愿望。现代生物技术的迅猛突破和应用，不但极大地增强了社会的进步和经济的提高，同时也为新军事变革提供了新的动力和手段。军用生物技术指现代军用生物技术在军事方面进行的实际运用的技术，它的目的是从人的角度出发尽可能地增强武器装备的性能，从而推动生物学的发展，研究出新的装备以及新型的系统。

比如，通过克隆技术、组织培养技术、认知系统改造技术等科技，能对重要人员的身份进行伪装，甚至能以最小的代价获得战争的胜利。而通过工程生物学研究所得来的军用微生物、生物气象武器、生物地球工程工具、精准生态武器等，可以对特定人种以及生态环境、地球地貌进行影响或者单独打击敌方武器装备，最严重可以对整个生物物种造成突变，导致公共卫生危机、环境破坏或武器损伤等，而且由于它的打击难以让人发现，所以其拥有战略威慑和间接打击的双重特效，值得人类重视。

21 世纪开始，军用生物技术在神经认知、人机结合、生物材料和生物合成制造、生物仿生、生物传感与生物计算、生物燃烧和生物战剂等领域已经获得了不少突破。传统的生物战剂通常指通过人工方法大量繁殖获得的能对人类、动物、粮食进行攻击的致病细菌、毒素和其他特殊物质。通过空投等方法投放到敌军聚集地，形成瘟疫或者大规模传染病，杀伤敌方兵员，减少敌方粮食，使敌人丧失抵抗力。随着人类文明程度的提高，大规模杀伤性武器受到的伦理约束越来越多。因此，发展新型非致命性的新型生物战剂，对建设军队新型特种作战力量具有重要的战略意义。

新型非致病性的生物战剂不是使人致病的细菌、毒素或微生物，而是经过筛选和遗传改造的微生物或酶制剂。这些新生物武器可以做到不对生命进行伤害，仅仅造成装备的损害，来降低地方战斗力。科学家已经发现若干昆虫和微生物具有高效降解石油基合成高分子材料的自然现象，并对其降解高分子的基本原理进行了探索。

通过结合分子生物学和基因工程的方法，对这些细菌降解高分子材料的基本原理进行深入研究，可以获知高分子降解的分子机制。这有利于进一步提高细菌对高分子的降解效率，并且可以构建高效的高分子降解基因工程菌。这些细菌可以作为生物制剂生产“生物弹”。一旦被投放到敌人后方区域，可以破坏橡胶轮胎与车辆，而使车辆失去动力。可以破坏电子设备的高分子组件、绝缘层或损坏电路系统、特殊聚合物、器械的润滑、表面涂层和齿轮等。造成敌人作战系统和指挥系统的瘫痪，从而达到不战而屈人之兵的战略效果。

基因武器是伴随着人类基因组工程而出现的，其方法是通过遗传工程技术，将基因以需求者的想法重新排列组合，比如在某些细菌或病毒中嫁接能对一般的疫苗或药物免疫的特殊基因，也可以对本来无害的某些生物体内移植有害基因从而得到基因武器。其甚至可以借由不同人种之间的微小的基因区别，对某些细菌或病毒进行改造，让它能单独对某一人种或者某一部位进行打击，对非打击目标则完全无影响，实现新时代武器的超精准攻击。虽然目前还没有证据显示有国家成功研制出了理想中的基因武器，但是它的种种理想攻击特性使得每一个强国都不会放弃对它的研究，它的出现也许只是早晚问题。

首先基因武器有精准的敌我识别能力，能有效保存己方实力并攻击敌人。人类基因工程的进步使得现在改造微生物的遗传物质这一技术成为可能，一旦让它拥有对药物的免疫能力，再基于不同人种基因区别进行改造，就可以使其对具有特定基因的人类进行伤害，达到精准杀敌的效果。美国一家媒体曾报道，美国国防部正在进行基因武器攻击敌人的研究。有其中的研究人员透露，东亚大部分人种、雅利安人、阿拉伯人的基因都已经被美国所收集。

其次是基因武器难以防治。基因武器在制造过程中就会加入有抗药性、传染性的基因片段。同时打击过程也是隐秘进行，很难被人们发觉；即便有所发现，也很难破解它的基因密码从而无法进行处理。由于基因组的复杂性，一个基因武器相当于一把锁，要研究出与这把锁相对应的钥匙需要很长的时间，而这时通常基因武器已经发挥了极大的作用了。同时基因武器对于对手来说能起到巨大的威慑作用。当今国际形势还是以和平发展为主，强国大国们都在进行经济发展，不到万不得已大家都不愿意兵戎相见。而基因武器的打击一方面十分隐蔽难以发现确切的证据，另一方面它的传染性在经济发达的大城市能爆发更大的伤害，这样的城市通常对国家有重要意义且人口繁多，容易造成极其恶劣的影响，直接对国家的经济和社会造成沉重打击。

随着战场情报来源的增多，战场局势的日益复杂，对于指挥中心的运算能力有了更高的要求，而生物计算机以其超高的运算速度，相对低廉的造价，以及随着技术发展其体积会不断变小的优势，进入了军事大国的视野。

计算机实际上就是基于一个计算模型，利用可实现该模型的材料制造的机器。如当今的电子计算机，它的计算模型是图灵机，实现该模型的材料是一些电子元器件。电子计算机在其发展过程中，惊人地遵从摩尔定律，从其出现以来，研究人员一直试图再设计一款新型计算机模型；因为图灵机模型的原因，传统计算机无法对规模较大的 NP -完全问题进行计算。在对新式计算机模型进行研究的这些年内，科学家们相继提出了光计算、量子计算及生物计算等。

在生物计算的研究中，作为数据的 DNA 分子为纳米级，以及特异性杂交时的巨大并行性使得在较短时间内求解一定规模的 NP -完全问题成为可能。DNA 计算早期的模型以及近几年相继提出的非枚举型、并行型 DNA 计算模型，利用了核酸分子的特性使得计算速度得以大幅提高，但计算过程中依然存在大量非解。易证明，这些模型和图灵机模型是等价的，但计算有效性却不相同。

探针机模型实际上在自然界是存在的。如生物神经系统就是一个典型的探针机模型。神经网络实际上是一个随时间的变化而不断变化的动态网络。各个神经元相互的信息交流是利用突触来进行的。不论是电突触还是化学突触，神经元之间由于受动作电位的作用而进行信息传递。一次动作电位被称为一次基本探针运算。

不同于图灵机，军用生物技术所带来的探针机，其一，数据放置模式是空间自由型；其二，数据之间均可相邻。因此，探针机具有“与生俱来”的并行性。故在求解问题时，一般只需要一次探针运算即可。科学家认为，实用的传递型探针计算机，甚至可能在思维的某些功能上超越人类。现代信息化战争的指挥中心离不开计算机对战争进行辅助分析和决策，而战场上每一分每一秒都至关重要，生物计算机带来的大幅提高的运算分析能力，能大大减少指挥中枢决策耗时，强化军队联合作战能力。

进入 21 世纪后，现代生物技术以及相关学科的飞速发展，特别是基因工程的突破，对社会产生了巨大的影响，也导致了军事技术有了新变革的苗头，基因武器的构想随之诞生。基因武器被称为第三代生物武器，其原理是利用基因工程的手段对控制遗传的 DNA 进行改造，将一些能提高病毒等存活能力的基因植入病毒或者细菌中，或者将一些无害菌改成会致人疾病的新型病毒或者细菌，以此得到新型生物战剂，即现在所说的基因武器。基因武器尽管也是生物技术所制造的武器，但它比传统意义上的生物武器具有更大的杀伤力，而且更廉价和更隐蔽，最重要的是其具备精确杀伤的效果。人类各族群的遗传信息等总是会存在一些差异，由于这些不同的特征，基因武器就具备着对特定种群人类进行精确打击的可能。

当今，最具杀伤效果的生物武器是种族基因武器。人类不同种群的遗传基因是不一样的，根据人类基因的这一特征选择某一种族群体作为杀伤对象也就成为可能。由多国联合开展的“人类基因组计划”，已于 2003 年完成，不同种群的 DNA 被排列出来。这样，在理论上就可以设计出针对某一特定种族或民族的基因武器，它们只对某些特定遗传型的敌方人群有毁灭性的杀伤力，而对同一环境下的其他人群则毫无影响。

种族基因武器，就是根据种族基因的极其微小差异来进行“对人下药”，使特定种族患病，如免疫缺失、智力丧失、绝育，甚至死亡，而对于其他种族则毫发无损。也可以把对人类健康有巨大威胁的病毒（例如艾滋病毒）改造成易传播的病毒如人类抗力较弱的肝炎病毒、感冒病毒，培育出“杂种病毒”。大量克隆对人类生命有巨大威胁的昆虫、动物，如杀人蚁、杀人蛙等，也是基因武器的一种。利用种族基因武器可以攻击整个种族，杀掉一个种族的几十万人，或灭掉整个种族，这是核武器所达不到的。

近年来，美国等西方发达国家都在加速研发基因武器。2016 年 2 月，据美国《华尔街日报》报道，中国人、欧洲雅利安人、中东阿拉伯人的基因均属美军搜集范围，大量非军方机构，如美国孟山都（全球最大的种子公司）、杜邦公司（全球第二大化工公司）、MCRIC 公司（合成核酸、制造基因结构）等，也参与了基因战项目研究。美国情报部门已将“基因编辑”列入了“大规模杀伤性与防扩散武器”威胁清单，其目的就是限制其他国家发展此类武器。

随着“人机”结合、脑—机接口等技术的突破，人类通过远程控制武器装备战斗成为可能，电影《阿凡达》中意识控制机器人的战争方式将成为现实，大国们将越来越注重对己方士兵的保护，减少士兵在战场上直接的冲突。如美国哈佛大学医学院等机构的研究人员首次用猴实现了异体操控。同时军用生物技术还能改造战场环境。通过军用生物技术对一些自然界生物进行改造，战时可投放到敌军阵地上，对其进行大规模的生物影响，达到削弱敌方的目标。比如用转基因生物破坏敌方的生态平衡，或者设计“杀人蜂”“食人蚁”“超级巨蛙”等动物士兵和动物杀手。军用生物技术在可见的未来极有可能成为国防科技的重点关注领域，为军事科技带来一些新的变化。

5.4 用于动力电源和移动电站，提升部队后勤保障能力

部队后勤机动保障能力对于打赢现代化高科技战争至关重要。生物燃料电池具有原料来源广泛、操作条件温和、生物相容性好、结构简单、无毒、无环境危害等优点，不仅为利用工农业废弃物和城市生活垃圾等生物质资源进行发电提供了广阔的前景，而且随着酶和微生物等生物燃料电池、太阳能电池技术研究的深入，生物燃料电池可用于单兵作战动力电源、移动电站和军车动力驱动电源等，可以大幅降低部队的能源保障负担，大大提高部队的机动能力和复杂环境下的装备能源供给能力。生物燃料电池还可用于为机器人运动和工作提供动力，作为野外探险机器人和军用机器人等。

生物燃料技术利用生物质制造含碳的生物燃料，可以减少各类武器装备对石油类燃料的依赖，为保障部队作战提供可替代的能源解决方案。未来，随着生物燃料技术的发展及生产规模的扩大，生物燃料成本已经接近化石燃料，其使用成本也将进一步降低。美国、法国、德国和巴西等国均抢先开展了生物燃料技术研究，并取得了多项突破。

2010 年，美国海军部与农业部提出共同研究生物能源以满足海军需求，同时还宣布了海军和海军陆战队的生物能源目标：到 2020 年，轮船、飞机、坦克、车辆和地上设备总能源消耗的 50％为替代能源。2011 年，美国总统奥

巴马宣布，美国农业部、能源部和美国海军将在未来 3 年投资 5.1 亿美元，用于生产替代型航空、航海生物燃料。美国生物燃料技术已经发展到第三代，其安全性、可靠性均已通过实际测试。美国已经完成了在 F－22 战斗机、“苍鹰”教练机、“火力侦察兵”无人机、1600 级通用登陆艇等多型装备上使用生物燃料的试验。当前，美军已经开始在其武器装备中使用一定比例的生物燃料，并计划逐步扩大这一比例。

在以信息化武器装备为平台的现代战争中，凸显人对战争的能动作用，实现军事人员与武器之间的高效通信，从而提高目标识别与武器操控效能，将成为掌握未来战争主动性，决定战场胜负的关键因素。

科技的飞速进步，使得武器装备的各项性能都有了突飞猛进的发展，但由于人类体能和反应等有极限，实际上武器装备很难发挥出理想的性能。认知神经科学的飞速发展模糊了人与武器装备的界限，脑—机接口、动力外骨骼等技术的推进让武器装备和军人进一步结合，人和武器形成一个紧密融合的系统，推动武器装备从“人机一体”向着“脑—机结合”方向发展，极大地提高了武器装备的战技性能。2011 年 3 月，美国华盛顿大学的研究人员实现了通过思维来对电脑进行简单操作，实验人员的意念能直接影响指针的走向。2011 年 10 月，德国马普协会制造的大脑扫描器能够对人类夜晚做的梦进行提取，而且还能将提取的梦境展现出来，这种特殊的能力也许能在犯罪侦察等领域有重要的作用。

21 世纪到来之后，美国立刻对脑机接口技术进行研究，着力于研究人机交互原理以及用大脑的思维直接操纵武器装备，来减少军事行动中的人员伤亡。之后，美国还对多个“意念操纵装备”的研究进行了投资，将军方、地方政府以及相关公司三方联合起来，对脑听器、心灵及生理响应系统、无线电催眠发生器等多项脑—机接口技术进行研究。脑—机接口技术涉及脑科学、神经科学、计算机科学等，是多项学科融合发展而成的产物。

脑机接口直接采集来自大脑的神经生物学信号并对这些特征进行分类识别，将大脑意图转化为输出指令，进而驱动控制外部设备，实现对武器的操控。然而，由于武器系统的功能多样化、操作复杂化，武器操作人员经常面对枯燥而繁多的操作界面，并且要求在极短的时间内进行快速识别和准确判断，容易造成误操控。采用单一的脑电信号操控武器，其脑电信号易受到外界环境和自身生理状态等多因素影响，准确率很难得到很大的提升。展开面向武器操控的多模态脑机接口研究，同时考虑微表情、眼动等多模态信号，进行信息的融合决策后，有效地辅助脑电信号进行操控决策，能够在很大程度上提高脑控的准确性与武器操控的效能。

认知科学等相关学科的飞速进步将在单兵和战略水平上极大地提高军队的科技水平和实力，特别是深受期待的能在大脑和武器装备间建立直接联系的脑机接口技术也与认知科学有着很大的联系。这个技术可以运用到现在的所有武器装备之上，可以想象未来战场将大量充斥这方面技术成果，能让战士们最快速地对武器装备进行操作，也能提高战士对威胁的侦察水平。若是战士们携带具有录音录像功能的便携摄影装备，它得到的声音和图像通过系统快速分析后就可帮助识别威胁、侦察环境。此外其还能极大地提高单兵综合能力。美军所部署的“认知技术威胁预警”系统，已经有了一定的突破，能够让军人在短短3秒的时间中快速分析视野之中的100个可能带来威胁的目标。同时在空军方面，他们通过脑机接口相关方面技术，主要目标是对肌体协同控制进行研发。到了2013年，美国国防部表明其正在投资“阿凡达”计划，该计划旨在研发出可以用思维远程控制的“机器战士”，以减少军人在战争中的伤亡，还能用来完成一些危险性巨大的任务。在不远的将来，极有可能出现用意念操控的武器装备。

生物技术的蓬勃发展，及其与信息、纳米、认知等科学技术交叉融合，共同发展，为战争提供了更多可能，对作战手段的选择更加灵活。脑科学与认知神经科学的发展在提升武器装备的自主决策、自主控制以及战场态势感知和指挥控制能力等方面发挥重要作用，使精确操控人脑功能有了发展的可能性，人脑高级认知神经活动的读取、实现多脑信息通信都在研究中，甚至催生出“脑联网”的构想，未来将对武器装备、战场通信、指挥控制等产生颠覆性影响。仿生技术在多样性、智能化仿生平台与系统任务拓展以及集群仿生研究多平台系统方向已取得许多实用化进展，对提高武器性能、无人作战、军事作战中部队协同作战以及未来无人化集群作战都具有非凡意义。生物传感与生物计算技术的信息获取和复杂计算能力将远超现有的传统传感器和计算机，将大幅提高战场指挥能力。

军用生物技术的发展使其具备了超越信息化时代的可能。随着现代生物技术与军事理论、军事技术的愈发融会贯通及大规模的实践，蛋白质组学技术、转基因技术、基因修饰克隆、基因打靶、干细胞技术和组织工程技术等现代生物技术将会不断地促进未来战斗方式的优化与发展。使用生物介入、定向能诱变、纳米攻击等手段实现既定目标，通过对打击对象精准定位，利用基因调控等手段，对目标的功能性状单元进行精确打击，从核苷酸序列或蛋白质结构等微观层面对打击目标进行超精细化的伤害，能在分子层面造成打击，展现了“制生权”的重要性，且将对武器装备、军队指挥、作战方法、军队后勤等军事领域带来新的发展与变革，通过生物科学技术的不断创新与发展给国防安全带来崭新的手段与目标。想要提前准备未来的新型战争，能够走在全球军事技术的前沿，就要对未来最有前景的技术做好预测和理论准备，为国家军事科技实现突破做好最重要的准备。

生物科技与定向能技术、现代微观物理学研究成果等结合，形成新的致伤原理与作用方式，同时对战斗力维护和战场生物学监控产生根本突破，呈现出包括超微的、可控的、不致命的等特征在内的特点，逐渐具备了相对慈化的征服效果，给战争行为带来革命性改观的基础条件。这是以火力大小和命中精度为标杆的传统战争到达巅峰之后，放弃大规模杀伤的传统思维，军事斗争走出人类毁灭死胡同的根本出路。

在军事领域，军用生物技术所带来的突破就在于其能精准定位于目标基因调控的功能性状单元，仅对微观层面比如基因和蛋白质造成一些微观的影响，导致超精度的、可严格控制程度及范围的损害；尽可能地避免或减少对人类劳动成果或自然环境进行毁损，而是侧重于对打击对象的压制，使其遭受一定程度的毁坏或暂时性地丧失作战能力，尽可能地减少死亡；规避现代武器的大范围攻击性而导致的大规模的毁损；不会导致不可逆的伤亡，而是精确地对指定目标进行攻击，尽可能地避免对作战者的身体机能造成不可修复的伤害；还能于战斗目标都达成后，通过使用药物等医学手段促使所受损伤的修复，使其身体机能可以得到治疗进而康复，避免不可逆转的损害发生。

生物作战依靠现代生物技术的发展，将会改变自古以来的“从组织器官上打击”或者“范围式打击”的杀伤模式，带来一些新的特征：

（1）增强战争可控性

军用生物技术的发展直接增强了战斗的可控性。基因工程带来的生物战剂可以针对种族甚至个人，能致死也能造成短暂瘫痪。生物作战既可以针对战略全局，也可以针对某些个体；既能针对整个人类，也能针对某个人种甚至某个个体；既能致死，也能使目标丧失某种生理功能。生物计算机等技术的发展使得指挥中枢对战场各个方面的指挥控制都更有效率。脑—机接口技术帮助战士更灵活更全面地操纵武器装备。

（2）致伤的超微性

现代生物技术的进步带来了生命微观空间这一新型战场。从此攻击不再只是在宏观空间进行，微观空间也成为人类争夺的战场。当用军事生物科技对目标展开攻击时，选择攻击位置与传统武器以人体器官组织为攻击点不同，它是从分子层面攻击目标，通过影响目标的基因或者蛋白质结构、功能造成人体的特定功能障碍，产生损伤效应。这样的生物打击很难侦察和预知，只有在效应明显显现后，才能确定遭受了生物作战的打击，具有强大的隐蔽性和作战效果。

（3）伤害的可恢复性

在对个体的某些功能进行精确杀伤后，为其提供相关的恢复方法或措施，达到伤害的可恢复性。作战结束后，可对作战目标进行治疗，或提供疫苗因子或相关的生物信息。

DARPA 2007—2022 财年部署的 85 个项目中，有少数项目只进行 1～2 年的投资，便再无进展，其原因可能是技术实现困难或技术发展无实际价值。

利用生物系统（Harnessing Biological Systems）项目在 2016—2017 财年共投入 1 239.5 万美元，主要研究捕食性细菌对耐药致病菌的潜在机制以及微生物适应性、微生物群落进化过程，开发细菌性疾病新疗法。2012—2015 财年部署的病原体捕食者（Pathogen Predators）项目、2016—2020 财年部署的生物控制（Biological Control）项目，旨在建立稳定、可预测的动态生物网络的控制方法，用于缓解或预防传染病。这 3 个项目都是利用捕食性病原体进行传染病治疗，但均被终止。初步分析，利用生物系统项目被终止的原因为重复性研究。

化武公约非传统方法（Unconventional Approaches to Chemical Weapons Defense）项目在 2015 财年投入 710 万美元，开发快速消除危险化学制剂毒性的技术，是在特定情况下的应急项目，短期快速完成。智能神经接口（Intelligent Neural Interfaces）项目 2020 年投入 100 万美元，开发神经接口的维护与应用方法，包括提高神经接口鲁棒性和可靠性、增加神经接口的带宽和计算能力等技术。项目属于人工智能探索（AIE）计划，周期为 18 个月，AIE 项目是短期预见性项目。

“阿凡达”（Avatar）项目在 2013 年投入 650 万美元，旨在利用计算机编程和 3D 打印技术打印完整的人体骨骼架构。2015 年，纳蒂克士兵研发与工程中心提供了 500 人的 3D 全身扫描数据，陆军环境医学研究所利用计算机编程识别人体外部表征、全身解剖标志和人体结构框架，利用士兵身体运动扫描数据设定身体弯曲和动作标准，调整身体大小，创造出 250 名男性骨骼架构。研究人员拟利用软件创建“阿凡达”模型，进行个性化生理模拟，让单兵“阿凡达”穿上衣服，变换不同的姿态和位置，测试其弱点以及不同气候环境下的生理反应。该项目只进行了一年拨款，后期未有新进展。

分析项目被终止的原因，项目旨在利用软件创建“阿凡达”模型对士兵进行个性化的生理模拟，测试士兵的生理反应，不如实时监测真实士兵的生理状态。2018 年，DARPA 部署了生理监测（Warfighter Analytics using Smartphones for Health）项目，开发利用智能手机传感器数据流，实时评估士兵生理和认知状态的技术，初步分析，“阿凡达”项目被终止或因无较大实用价值。

“神经视觉”（Neovision2）项目在 2011—2012 财年共计投入 610.3 万美元，旨在开发能模拟视网膜到物体识别的整个哺乳动物视觉通路的神经形态物体识别系统，目标是利用最先进的视觉功能，满足无人系统的大小、重量与功率限制，与联合无人驾驶航空系统卓越中心协调，确定无人机的数据处理与利用等相关技术。初步分析，该项目有很大技术困难而未进一步投资。

生物报告者（Bio Reporters）项目是开发可探测地下干扰或地底材料的新型生物传感器。DARPA 于 2019—2020 年 6 月分别资助雷神 BBN 技术公司和签名科学（Signature Science）公司 160 万美元，旨在利用本土和工程生物来感知自然和建筑环境中的 CBRNE 威胁。项目主要利用微生物学和合成生物学的最新进展开发生物传感器、信号传感器和报告器，可在地表以下至少 1 米处感知到威胁，在 7 天内将信号传播至地表，并在随后 7 天内距地表 10 米处连续探测。项目进行了实验室研究和野外测试生物传感系统的概念验证演示。2018 年，DARPA 发布先进植物技术（Advanced Plant Technology）项目，旨在开发可响应环境刺激、远程监控的转基因植物传感器。项目将找出植物中可探测环境威胁的遗传物质，修改植物底盘基因，增强植物环境鲁棒性，使植物能够探测到特定生化武器、病原体、核辐射以及电磁信号等威胁。初步分析，生物报告者项目与先进植物技术类似而周期较短。

5.5　用于可穿戴设备和组织修复，提高战场救护能力

研究人员通过学习生物体成功完成特定功能，根据生物体的经验开发设计出自我修复的解决方案，通过利用生物体的自我组织修复能力，指导复杂电子结构及元器件的组装，最终实现生物体与电子元器件的无限融合，完全利用生物体的高效运行、复制与修复能力。比利时布鲁塞尔大学已经研发出一种可用于软性机器人自我修复的柔性材料，这种柔性材料未来可用于战场救护和假肢修复。美国卡耐基梅隆大学正在研发由软导电聚合物、凝胶制成的人工皮肤和神经组织，这种材料可作为人造肌肉使用，可以从 2.5 厘米拉伸至 2.5 米，当被刺穿时可以自动融合修复。

从国外军用生物领域战略规划和政策措施来看，美、俄、日等国家都从国家战略的层面积极谋划布局，不断探索适合本国的最佳路径。同时，布局军用生物前沿颠覆性技术，增强军用生物颠覆性创新仍然是各国积极抢占的战略制

高点。从军用生物领域的研发态势来看，新兴技术与工具的快速发展推动军用生物技术纵深发展：借助超高分辨率显微镜等新工具，使人类在认识生命过程中能够更快速地接近真相；借助计算机辅助设计等新技术，基因组合成和改造能力不断提高，人类在修饰生命和创造生命的过程中达到了事半功倍的效果。无论是军用生物技术的研究工具开发，还是军用生物学科本身的发展和研究，科学之间、科学与技术之间、不同技术之间的交叉融合趋势日益凸显。

军用仿生技术通过模仿生物系统的原理和特异功能，应用到各类装备中去，创造出了全新的技术途径。军用仿生技术的应用不仅能够提高武器装备性能，还能够极大地拓展人类能力。“大狗”机器人、“勇士织衣”、仿壁虎攀爬工具等仿生装备可从根本上突破人的物理极限，大幅提升士兵负重、奔跑、攀爬等行动能力，将可能推动作战样式、后勤保障模式等产生革命性变革。

在 DARPA 项目的资助下，由波士顿动力公司研制的“大狗”机器人，可在崎岖山地运送辎重，已经可以通过军队行军 70% ~ 80%的地形，试验型号可以背负重达数百千克的装备，大大减轻了士兵负担。此外，波士顿动力公司还开发了“猎豹”“野猫”“阿特拉斯”等仿生机器人。“阿特拉斯”机器人是世界上最先进的人形机器人，能像人类一样用双腿直立行走，能在实时遥控下穿越复杂的地形。美国陆军研究实验室研制的蛇形机器人，具备游泳、攀爬和穿越狭窄区域的能力，能够用于救援、侦察等多种任务。DARPA 投资的“Z - Man”项目旨在依据生物学原理研制辅助攀爬工具，以让作战人员可在不使用绳子或梯子的情况下，攀爬用一般建筑材料建造的垂直墙壁，在 2014 年的测试中，重约 98.9 千克的攀爬人员携带 22.7 千克的负重，借助一副手持式、模仿壁虎的“壁虎皮”攀爬板在玻璃墙面上向上、向下攀爬了 7.6 米。

美国海军研制的“间谍水母”可在水下对目标进行持续侦察、监视、探测。美国海军研制的新型无人潜航器——“机器鱼”能像鱼那样通过来回摆动尾鳍前进，是无人驾驶系统技术和独特推进控制技术的有效组合，“机器鱼”无人潜航器的形状和游动方式类似于鲨鱼、金枪鱼等大型鱼类，其长度约为 1.2 米，重约 45 千克，能够在水下 0.25～90 米处活动。“机器鱼”无人潜航器可保持静音性和较高的推进效率，航速能很快加速到 40 节。

美国马里兰大学研制的轻型高仿真飞行器“机器乌鸦”，质量只有 9.7 克，翼展 0.34 米，可携带近 6 克的有效负荷执行侦察任务。微系统技术的突飞猛进使仿生机械在尺度上大大缩小，微型飞行器将在战场上担负起侦察、目标指示、通信中继等角色。2011 年 2 月，美国亚利桑那大学研发出模仿鸟类及蜜蜂飞行的无人驾驶飞行器，能在空中长久停留，不受气流影响；8 月，英国牛津大学学者揭示了昆虫飞行的原理，基于这一原理可以设计出全新的扑翼，用于制造仿昆虫微型飞行器。

军用生物材料主要是针对武器装备中的特殊需要，采用现代生物技术对材料进行改进或加工，能够生产出具有特殊性能的材料。目前，各国研究的生物材料主要有蛋白质纤维、粘合剂、涂料、光电材料等，具有重量轻、强度高、性能特异等特点，多种材料在军事领域具有广阔的应用前景。

运用生物外骨骼技术和脑机接口等技术使受伤战士恢复正常人的活动，从人性化的角度来说迈出了一大步。甚至，随着军用生物技术的发展，人类也许能在某一天像电影《阿凡达》里一样，能够用大脑远程控制一个躯体进行战斗，尽最大可能地减少士兵的伤亡。

2011 年 2 月，英国剑桥大学生物学家发现跳蚤卓越的弹跳能力依赖于节肢弹性蛋白，该蛋白是现有弹性最强的物质，并且已在实验室里人工合成了这种蛋白；2011 年 5 月，美国莱斯大学、马里兰大学和海洋生物研究所的学者发现了乌贼皮肤上独特的视蛋白，美国海军希望借此制造出新型伪装材料，能用与软体动物皮肤相同的方式感受到光线并快速改变颜色，如图 5 - 2 所示；2013 年 3 月，美国能源部阿贡国家实验室研究找到了一种从完整的蜘蛛丝上获取各种弹性成分的途径，这些弹性成分未来可用于开发防弹背心、人工腱等多种弹性材料；2013 年 4 月，日本东京大学科学家通过对大闪蝶翅膀碳纳米管结构的研究，研制出一种新型纳米生物复合材料，这种材料比原有碳纳米管加热更快，并表现出极高的导电性，有望在未来应用于可穿戴电子设备、高灵敏度光传感器以及可循环使用的电池产品中。

2014 年，美国麻省理工学院的研究人员发现牡蛎壳具有抵御多重撞击的技能，有望据此研发坚固透明的新一代玻璃材料以及“透明装甲”，这些材料

图 5－2　穿有生物伪装衣的士兵

成为新型的防弹材料；麻省理工学院的研究人员通过基因工程培养出一种新型细菌，能够将贻贝分泌出的蛋白质与其自身生物膜分泌出的蛋白质结合在一起，这种混合蛋白具有特殊的黏性，是当前能够在水下直接使用的强度最好的黏合剂，可用于修复舰船裂缝。2015 年，墨西哥 UAEM 大学和 Yucatan 科研中心合作，成功研发了全新的生物材料，试验中该材料能够减少 50％的烧伤复原时间，在军人作战烧伤恢复中具有巨大的应用价值。

自然界生物的优胜劣汰使得各生物逐渐具备自身特有的优势功能，将生物的优势功能普遍应用于武器装备领域是研制仿生材料的精髓之所在。目前为应对军事新需求，在仿生新材料的多样性、仿生平台与系统智能化，以及集群仿生研究多平台系统发展方向已取得许多实用化进展。

1）多样化仿生新材料提升武器装备性能。仿生新材料的出现弥补了人工合成材料的空缺功效，目前主要应用于：提高武器装备伪装能力、增强武器装备防护能力、优化武器装备结构功能。如 2013 年 9 月，美国研究人员受笔管鱿鱼启发创造了能够在 700～1 200 纳米的近红外波段实现隐身的仿生伪装涂层。2014 年 5 月，美国加州理工大学模仿虾钳的内表分层螺旋结构为美国空军研发出新的碳纤维环氧树脂复合材料。多样化的仿生新材料的输出加快了武器装备变更速率。随着模仿生物体构造与原理的日益深化，运用电子、信息、能源技术搭建的仿生平台及系统不断涌现，执行任务范围不断拓展。2015 年受到尖嘴龙鱼胸鳍的灵感激发，开发出便携式自治水下机器人（“旺达”），能够实现低速机动，适于在港口和近岸地区作战。智能化军用仿生平台与系统未来将向着全面、精细、多领域交叉发展的趋势，为开辟新军事领域做出贡献。

除此之外，仿生材料技术的进步还可以对人体功能进行增强。2013 年 7 月，英国通过胚胎干细胞培养出了视网膜感光细胞，通过把这些细胞植入视力缺陷的老鼠的视网膜，使老鼠成功地恢复了视力。2015 年，加拿大用仿生技术制作出一种特殊镜片，通过在眼内植入这种镜片，可以让视力有缺陷者恢复视力。此外，通过一些特殊的视觉可穿戴装备，可以迅速得到战场各项情报，甚至能让人们拥有“千里眼”的特点。战士们将告别过去复杂且累赘的侦察设备，并且还可以实时接收指挥中枢传达的各项指令、情报等信息，实时在各侦察分队中进行情报的分享交流。

2）集群仿生研究向多平台系统方向扩大。随着仿生研究对象规模日益扩大，各仿生集群研究领域日益走向深入。研究集群行为对军事作战中部队协同作战以及未来无人化集群作战具有非凡意义。2015 年 3 月，德国费斯托公司研发的仿生智能蚂蚁通过复杂的群集算法能够模仿蚂蚁的合作行为，不仅可以独自完成工作，也可以群体合作完成任务，其大小与人的手掌相仿。集群仿生技术的进展将为实现无人装备自主、智能地遂行集群作战提供有力的支撑。

多少世纪以来，人类一直梦想能够超越身体极限成为“超人”。随着生物、信息、机械等领域的技术进展，人们不再满足于通过锻炼和学历等传统手段缓慢提升自己的能力，渴望能更快速、更直接、更简便地提升自我。美国科学院、英国皇家学会等机构都对人体增强相关技术给予高度重视，他们认为人体增强的时代也许马上就会来临。DARPA 近些年新设立了生物技术办公室，目的在于通过科技快速提高单兵作战能力，主要包括视网膜植入、人工耳蜗等视听增强技术，药物、大脑植入、脑—机接口等脑力增强技术，外骨骼等体力增强技术等。比如，可持续辅助计划（CAP）项目，通过药物和训练，能够使战士 96 小时甚至超过 168 小时无须睡眠，实现个体认知能力的拓展，从而将从根本上重新定义“行动节奏”等军事概念。

当前，脑机接口技术已经是科学界的炙手可热的重点项目，是生物学和医学、计算机科学等学科交叉融合而成的新热点。而随着脑—机接口技术的发展，其未来在军事领域上也将大有可为。脑机接口技术的发展将大幅缩短武器反应时间，提高武器性能。侵入式脑机接口已经可以做到（以可接受的精确度）控制机械手的三维运动、手腕方向和手指握力。

人类以往通过大脑向躯体发出指令进而控制武器装备，而一旦将来人类破解了神经信号的秘密，人类将实现直接用大脑来控制武器装备，省去了躯体这一中间环节，提高了反应效率，并帮助在以往战争中残障的士兵安装机械躯体获得同正常人一样生活的可能。同时，大脑能做出更复杂更快速地指令，使得类似机器人的武器装备能进行更复杂的工作。脑—机接口技术的发展将大幅提高单兵素质。目前，已有一些实验证明使用脑—机接口技术可以提高短时记忆力。而这还只是刚开始，可以预见在未来使用脑—机接口技术将可以全面提高人类的记忆力和智商，甚至像电脑一样通过插入芯片来学习知识。

人类基因工程的初步完成，让人类幻想的通过筛选基因来对人类进行改造的念头不再只是幻想。通过基因技术，可以将遗传给下一代的遗传物质中的劣性基因剔除，只留下优良的基因，甚至可以加入一些特别的基因来对人体进行增强，当然这样的做法在伦理上有十分巨大的争议，但是在将来，这也许会成为人类面对复杂环境时不得已的选择。

生物外骨骼技术目前还处于理想阶段。目的是仿造昆虫的外壳，覆盖在人体表面，既能防护打击，还能为人体提供动力或特殊的能力，比如大幅提高士兵的移动速度，强化在复杂地形的移动能力，且减少体力损耗等。同时生物外骨骼对应机械外骨骼，以生物细胞组织为主的动力外骨骼，可以根据本身的细胞自行维护、修复损伤处。

脑机接口技术的发展将大幅缩短武器反应时间，提高武器性能。

西方有媒体揭露，DARPA 投资了一项名为“阿凡达”的研究，试图制造出电影《阿凡达》中人脑直接控制的机器人战士。大多数美军科学家认为，以后的战争很有可能会是用思维控制的各种武器装备间的战斗。当前，美军宣传其已经“在图像传递、远距离控制等项目上获得了突破性进展”。

现在培养一个合格的新兵要三个月，培养一个新军官要通过四年的军校学习。而随着科技的发展，武器装备将越来越复杂，这个培养时间将会更长。而脑—机接口技术的发展将会使得军人智商提高，培养时间缩短，甚至直接插入知识芯片，出现像电影里一样全能的超级士兵。

美军在2016年年初在网络上报道他们的一个名为“神经工程系统设计”（NSED）的科研计划，这项计划目的是研究一种侵入式接口，让大脑能直接与计算机联系。该接口将在脑与计算机之间对脑电波和电子数据进行转化。美军表示，他们已经将这种接口的体积缩小到1立方厘米。这项技术的进步可以让电影中的超级士兵出现在真实世界之中。

回顾人类历史，自从有记载以来，武器就一直朝着杀伤力越来越大的方向来发展，特别是20世纪50年代核武器横空出世之后，武器的杀伤力终于到了世人可以忍耐的极限。越来越多的人开始醒悟，无止境发展的杀伤力武器最终会灭亡人类自己，人类开始谋求一种相对慈化的、人性化的军事技术。如美国的“主动拒止武器”用95 kMHz毫米波穿透皮肤0.4毫米，产生无法忍受的热效应，不得不立即逃离。

生物技术打击的可恢复性体现在：其能对特定的分子层面的靶点进行打击，只对DNA序列或者是蛋白质造成损害，影响目标的遗传因子或是阻碍目标的某些正常功能，为微观领域实现精准地打击；能做到非致命且可恢复伤害，而不是对敌方人员造成永久性或者致命性伤害，做到敌方战斗人员只是短暂失去战斗力，而不是彻底消灭，实现战争的人性化；也能在战后为特定新型生物武器打击目标提供救治，帮助其快速恢复，而不是造成永久性和致命性损伤。类似于俄罗斯在莫斯科剧院人质事件中使用芬太尼打击罪犯，然后依靠逆转药物和预防药物保护己方战士。永久性杀伤敌人不再是唯一的选择，在保证胜利的基础上，尽可能减少对敌方士兵的永久性伤害和致命的攻击，战后也能对伤员进行恢复。

传统的武器攻击总是以一个人的整体为攻击目标，而不是说去对这个人身上某一细胞或者分子造成伤害。生命科学与生物技术的发展，使人类进入分子水平研究生命活动过程以及生命体与环境相互作用规律的生命科学新时代，从而能够以单个人体为最大攻击单位，对人类基因组 30 亿个碱基之中少数几个进行毁伤，这是人类战争史上划时代的变革。能做到只对敌方作战人员的智能或者行为造成暂时性破坏，降低敌方战斗力，却不会造成永久性损伤或者死亡。如美国打算投资四百万美元对幻象武器进行研发，原理是利用电磁波等方法影响敌方的大脑或者知觉，达到迷惑敌人的效果。通过这些手段，战争中的永久破坏的可能性将大大降低，开始追求的是战争中的控制力。军用生物技术的发展尽管无法从根本上改变战争的暴力特性，但是却尽可能地保存了生命和资源，体现了人类对于人性化的追求。

现代生物科技的最主要研究对象——人类自身，是人类最迫切希望提高的需要。军用生物技术对人的能力提升的帮助突破了过去的科技只是加强人类外部工具的局限，直接提升了人类自身体能和智能水平。军用生物技术的突破表示通过药物或技术手段使人的各项能力进行强化，人类将可能凌驾于自然选择之上。例如美军通过使用治疗嗜睡症的莫达非尼和治疗注意力缺陷障碍的哌甲酯来强化作战能力。

经过前期神经损伤、肢体损伤、爆炸伤等战伤修复项目，如透析疗法(Dialysis - Like Therapeutics)、恢复主动记忆（Restoring Active Memory)、假肢本体感觉和触摸接口（Prosthetic Hand Proprioception & Touch Interfaces)、可靠神经接口技术（Reliable Neural Interface Technology)、预防爆炸性神经损伤(Preventing Violent Explosive Neurologic Trauma)、革命性假肢（Revolutionizing Prosthetics）等项目的大量部署，DARPA 近几年仅部署了视听觉损伤修复(Restoration of Auditory and Visual Function After Injury）项目，以修复军事人员的视听觉能力。自 2022 财年开始在战伤修复方面尚无新的资金投入。

2007—2013 财年非传统疗法（Unconventional Therapeutics）项目共计投入 1.29 亿美元，开发保护士兵免受自发的、本土的或恶意生物威胁伤害的非传统方法。旨在 1 周内开发出自然或人为病原体的应对方法，制定无须事先了解病原体的对策，适用于多种细菌或病毒传染源。该项目缩短了传统药物的开发周期。

纳米/仿生和超材料（Nanoscale/Bio - inspired and Meta Materials）项目2009—2017财年共计投入1.28亿美元，主要研究纳米/微尺度材料的特性并进行工程化设计，开发纳米/微尺度材料、用于传感和驱动的生物机制材料，设计从分子到宏观功能模拟的生物材料，生产具有独特微观结构、性能和功能的超常材料。例如，开发可自修复的进行化生威胁响应的士兵防护材料，可在杂乱环境或结构遮蔽物环境中探测物体的光学超材料成像系统等。

勇士织衣（Warrior Web）项目自研发初期就持续与陆军研究实验室、纳蒂克士兵研发工程中心合作，DARPA验证前瞻性概念，陆军研究实验室测试系统，纳蒂克士兵研发工程中心开发装备。2016年勇士织衣已实现可降低人体10%体能消耗，被用于特种作战司令部TALOS项目。革命性假肢项目开发了“卢克手臂”，模块化电池驱动的机械臂通过简单直观的控制系统实现手臂和手部的灵巧移动，并可同时移动多个关节；开发的“模块化假肢”可测试假肢的神经控制效果；瘫痪患者通过大脑中的电极阵列实现对手和手臂的多维控制，将大脑与手臂系统中的触觉传感器连接以实现触觉恢复。

2014年5月，“卢克手臂”获美国FDA批准；2016年10月，展示了大脑控制机械手臂使瘫痪患者恢复触觉；2017年6月，两款“卢克手臂”系统被指定给退伍军人使用。工程活体材料（Engineered Living Materials）项目已开发先进生物水泥用于远征军事设施建设等任务，2021年试验了CV - 22倾转旋翼机、直升机和C - 17战略运输机机场建设，有望帮助美空军在亚太地区快速、隐蔽建成简易机场群。

第6章　军用生物技术未来发展趋势

军用生物技术一直是世界各军事强国激烈争夺的战略高地。各国一直将军用生物技术作为关键军事技术领域，加速推进先进军用生物技术研发，这将对国际生物安全带来严峻挑战。如脑机接口等技术，将使士兵与军事智能系统直接通信，实现无人作战系统的远程指挥；合成生物学等技术，将显著改善装备制造流程，颠覆后勤保障模式。当前，美军加速推进武器装备向“人机一体化”方向发展，“超级战士”、机器人军团成建制作战将变成现实。

考虑到军用生物技术演进的速度和加速度、潜在的国防和军事应用情景、国际政治经济格局动荡的幅度，可以分析得出，军用生物技术发展遵循四大趋势，实现从微观量子到宏观生态系统各个层次全面提升国防防御能力。军用生物技术将完成从量变到质变的积累，迈入国防科技创新的核心地带。

6.1　操控有机体和微生态系统，建立对生物有机体运作机理的精准认知和转化应用

国防和军事应用情景是应对新质生物武器威胁和军事人员身份危机等新型生物安全，更早、更快、更精准识别和预防潜在风险。大致方向是建构新一代工程生物学基础性工具箱或非致命性武器，如纳米尺度生物结构（基因编辑工具）或人工机械（纳米生物机器人），在纳米—毫米—米—千米跨尺度更精确表征、模拟、控制和操控特定生物大分子（基因、蛋白质）、细胞器、细胞、生物神经网络、微生物以及人造生物颗粒、组织与器官、生态微环境的结构和功能。实现定向功能改造或可编程逆转物种的基因组、生物体的感知功能和体能以及其他优势性状，影响生物的时空观念和在生态系统中的生态位，进而影响特定物种的生命进程和演化进程，用于识别、开发、利用和防御全天候、隐

蔽性更强的生物“特工队”。

6.2 利用千变万化的生物特性，通过仿生实现军事科技创新

国防和军事应用情景是武器装备性能持续优化，更加注重环境适应性和打击的隐蔽性、可持续性，防备“战争突袭”。大致方向是生物启发和系统生物仿生，在能量仿生和信息计算仿生及其系统耦合方面还有巨大，甚至更重要的开发空间，也是影响特定武器装备研发方向的参照。将有一定比例的仿生武器装备甚至生物化的武器装备，实现作战目标与作战手段的双重生物启发。例如，“鲨鱼一样的低耗能、虾一样的悄无声息、鱼一样的低速操纵性”的仿生自主水下载具，打造近海水下持续监视网络，有望变革海底战争。

6.3 生物信息和生物计算将贯穿未来军用生物技术创新全链条

国防和军事应用情景是锻造和发展新型感知、新型计算、新型生物学规则、新型生命形态、新型博弈理论的加速器和力量倍增器。大致方向是将生物信息和生物计算技术中的“信息”和“计算”属性进一步物质化，生物的信息载体属性将得到深度开发。突破生物大分子存储、细胞存储等特定用途的信息保藏、交换和加密应用瓶颈。DNA 计算、蛋白质计算及人工生物分子等生物分子计算、生物启发计算将得到进一步拓展，从概念证明阶段迈入原型机阶段，工程生物学的“生物设计—建造—测试—学习”周期全面加速，解析重大生物学问题的基础原理成为可能。

6.4 进一步探索生命起源和意识起源两大科学难题

生命起源、意识本质与物质结构、宇宙演化并列为人类四大科学难题，是

军事强国战略博弈的前置性环节和天然赛场。大致方向是参照生物有机体的运作方式，实现生命的半合成、生命组成的高效利用和认知记忆等高级神经功能的有意义解析。具有战略监测、自主可控等国防应用价值的合成生物体，将全面迎来实验室研究水平上的高峰，而读脑、仿脑、脑控、控脑在局部场景得到应用。